凶猛的野生动物

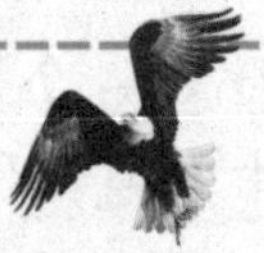

雨 田 主编

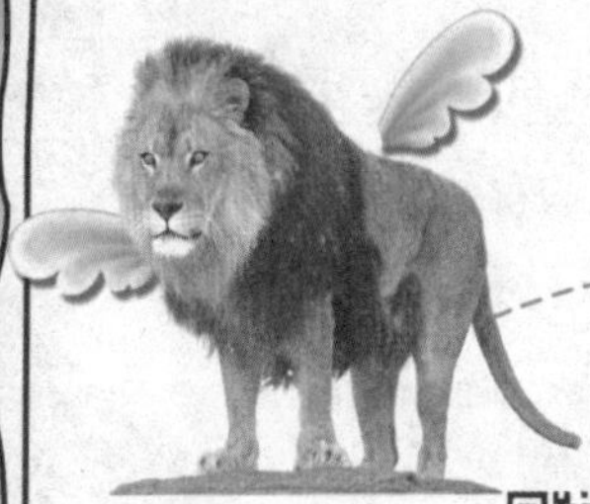

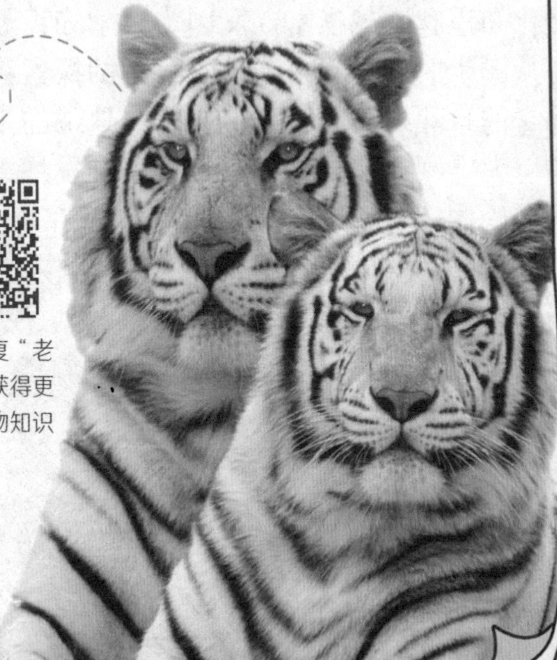

扫码后回复“老虎”即可获得更多野生动物知识

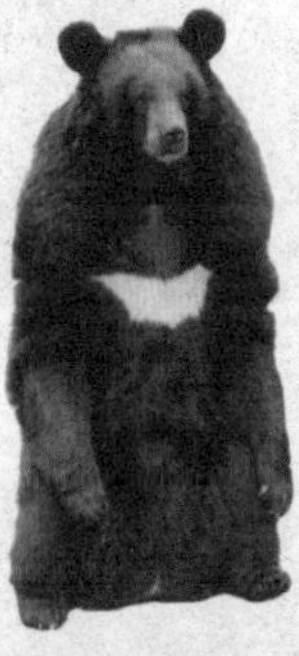

北方联合出版传媒（集团）股份有限公司
辽宁少年儿童出版社
沈 阳

前言

FOREWORD

从宋代毕昇发明了活字印刷术到2011年中国首个目标飞行器“天宫一号”顺利升空。近千年来，中国在科技方面取得了令世人瞩目的成绩，一个强大的科技创新之国在东方崛起，促使这些变化发生的就是科技的力量。

从古至今，科学发展从来没有停止过，从而人类的科学文化知识越来越丰富。又因为科学知识如此丰富，以至于人类从诞生的一刻到现在，对科学的探索就一直没有停止过。神奇的自然现象中，宇宙的来源、地球的未解之谜、海洋蕴含的巨大宝藏还需要我们继续探索和发掘。丰富多彩的动植物中，从史前活跃的恐龙，到现在种类繁多的动物，它们有哪些生活习性？尖端科技方面，航天领域的新材料、医药方面的新产品、交通运输方面的新工具、工农业方面的新能源，这些无不显示着是科技改变了世界。人文科学方面，千年古国的文明、人类历史的发展、杰出人物的成功之道，这些都是科学的结晶。科学改变世界的力量是有目共睹的。门捷列夫说过，科学不但能给青年人以知识，给老年人以快乐，还能使人惯于劳动和追求真理，能为人民创造真正的精神财富和物质财富，能创造出没有它就不能获得的东西。历史证明，科学的力量是无穷的。面对那些亟待我们去探索的科学，青少年们，你们是否迫切地想向科学进军？是否想探求科学的秘密呢？那么，快随着我们来到《孩子们喜欢读的百科全书》的世界中吧！在这里，你们将会在整个历史长河中徜徉，亲历名人们的成才历程，与动物交朋友，进行太空、海洋之旅，体验科学带来的乐趣。

巴甫洛夫说："无论鸟的翅膀是多么完美，如果不凭借着空气，它们是永远不会飞翔于高空的。而事实就是科学家的空气。"鸟儿尚且要凭借空气来振翅天空，作为国家未来的青少年们，我们只有通过学习科学知识，才能为自己插上一双理想的翅膀，翱翔于广阔的天际。

编　者

目录

MULU

目录
MULU

森林鬼魅

SENLIN GUIMEI

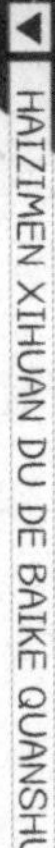

孟加拉虎

▲ 大多数孟加拉虎分布在印度，被称为“国兽”。

mèng jiā lā hǔ de máo sè chéng huáng huò tǔ
孟加拉虎的毛色呈黄或土
huáng sè shēn shang yǒu yì tiáo tiáo xiá zhǎi de hēi sè tiáo
黄色，身上有一条条狭窄的黑色条
wén fù bù chéng bái sè xióng xìng mèng jiā lā hǔ zài
纹，腹部呈白色。雄性孟加拉虎在

suǒ yǒu māo kē dòng wù zhōng tǐ xíng jǐn cì yú tā de xī bó lì yà qīn qi
所有猫科动物中体形仅次于它的西伯利亚亲戚——
dōng běi hǔ cí xìng mèng jiā lā hǔ bǐ xióng xìng lüè xiǎo rén men zài nà jiā ěr
东北虎。雌性孟加拉虎比雄性略小。人们在纳加尔
huò léi céng jīng cè liáng guo yì zhī cí xìng mèng jiā lā hǔ qí tǐ zhòng wéi
霍雷曾经测量过一只雌性孟加拉虎，其体重为197

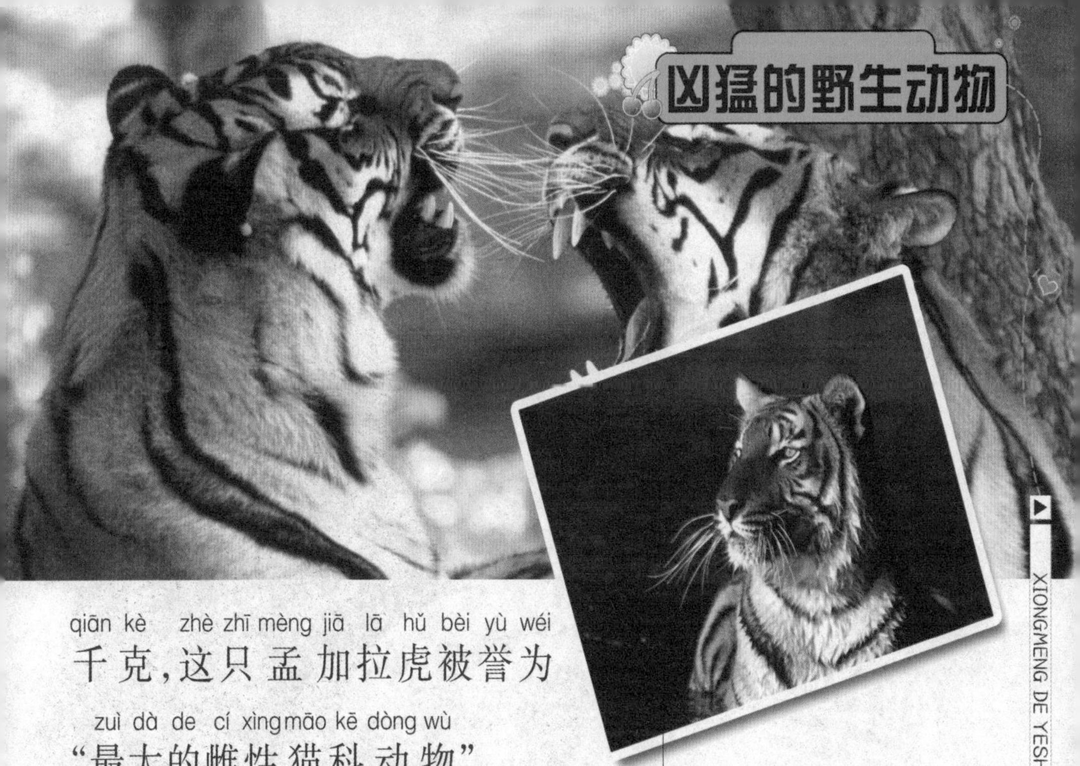

孟加拉虎是世界上奔跑速度最快的动物之一。

qiān kè　zhè zhī mèng jiā lā hǔ bèi yù wéi
千克，这只孟加拉虎被誉为

zuì dà de cí xìng māo kē dòng wù
“最大的雌性猫科动物”。

mèng jiā lā hǔ bǔ shí shí huì xiān
孟加拉虎捕食时会先

miáo zhǔn liè wù de yān hóu　rán hòu měng pū guò qù　zhí jiē yǎo duàn jiào xiǎo
瞄准猎物的咽喉，然后猛扑过去，直接咬断较小

liè wù de jǐng zhuī huò ràng dà xíng liè wù zhì xī　yě shēng de mèng jiā lā hǔ
猎物的颈椎或让大型猎物窒息。野生的孟加拉虎

zhǔ shí bái bān lù　yìn dù hēi líng hé yìn dù yě niú　tóng shí　qí tā de bǔ
主食白斑鹿、印度黑羚和印度野牛。同时，其他的捕

shí zhě　rú bào láng hé liè gǒu yě kě néng
食者，如豹、狼和鬣狗也可能

chéng wéi mèng jiā lā hǔ de liè wù　zài bǐ
成为孟加拉虎的猎物。在比

jiào hǎn jiàn de qíng kuàng xià　mèng jiā lā hǔ
较罕见的情况下，孟加拉虎

hái huì gōng jī xiǎo xiàng hé xī niú
还会攻击小象和犀牛。

- 英文名：Bengal Tiger
- 家　族：哺乳动物
- 科　属：猫科
- 分布地：孟加拉、印度

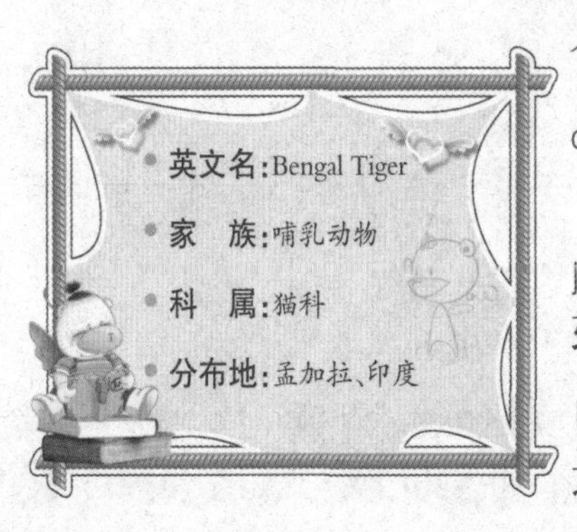

美洲黑熊

美洲黑熊中，体毛奶白色的被称为“白灵熊”，体毛蓝灰色的被称为“冰河熊”。

měi zhōu hēi xióng sì zhī cū duǎn tǐ xíng shuò dà měi zhī jiǎo zhǎng dōu
美洲黑熊四肢粗短、体形硕大，每只脚掌都
zhǎng yǒu wǔ gè bù néng shōu huí de jiān lì zhuǎ gōu zhè xiē jiān lì de zhuǎ gōu
长有五个不能收回的尖利爪钩，这些尖利的爪钩
zài sī suì shí wù pān pá hé wā jué fāng miàn dōu qǐ zhe hěn dà de zuò yòng
在撕碎食物、攀爬和挖掘方面都起着很大的作用。
měi zhōu hēi xióng qián zhǎo de pāi jī lì liàng dà de jīng rén yì zhǎng pāi xià
美洲黑熊前爪的拍击力量大得惊人，一掌拍下
qù zú yǐ shā sǐ yì tóu féi zhuàng de chéng nián lù
去，足以杀死一头肥壮的成年鹿。

měi zhōu hēi xióng huì suí zhe jì jié de bù tóng ér gǎi biàn tā men de shí
美洲黑熊会随着季节的不同而改变它们的食

pǔ chūn jì měi zhōu hēi xióng huì xuǎn zé
谱。春季，美洲黑熊会选择
fǔ ròu hé zhí wù xìng shí wù yě huì bǔ
腐肉和植物性食物，也会捕
zhuō yì xiē xiǎo yě wèi bǔ chōng dōng jì
捉一些小野味补充冬季
xiāo hào de zhī fáng dào le xià jì tā
消耗的脂肪。到了夏季，它
men huì chī dà liàng de jiāng guǒ lìng wài zài
们会吃大量的浆果，另外再
zhuō xiē niè chǐ lèi dòng wù hé qí tā xiǎo
捉些啮齿类动物和其他小
liè wù bǔ chōng yíng yǎng jìn rù qiū jì gè zhǒng shú tòu de měi wèi jiāng guǒ
猎物补充营养。进入秋季，各种熟透的美味浆果、
shuǐ guǒ hé jiān guǒ suí chù kě jiàn tā men
水果和坚果随处可见，它们
kě yǐ jìn qíng xiǎng yòng wǎn qiū zǎo dōng
可以尽情享用。晚秋早冬
shí fēn tā men biàn huì jiā jǐn jìn shí wèi
时分，它们便会加紧进食，为
jí jiāng dào lái de dōng mián zuò zhǔn bèi
即将到来的冬眠做准备。

有些美洲黑熊在胸前长有白色胸斑。

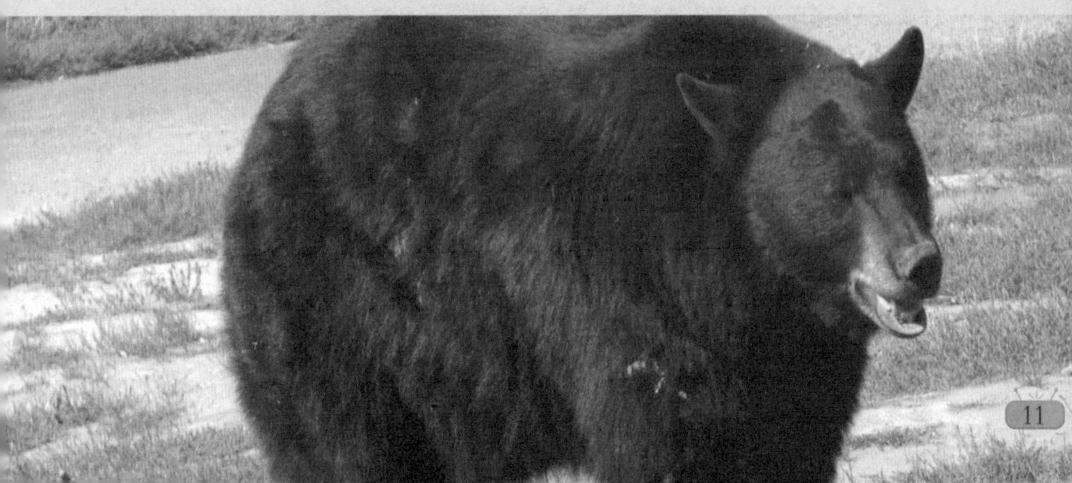

亚洲黑熊

亚洲黑熊视力差，故有“黑瞎子”之称。

zài wǒ guó tōng cháng bǎ yà zhōu hēi xióng chēng wéi gǒu xióng xióng xiā
在我国，通常把亚洲黑熊称为狗熊、熊瞎
zi huò yuè yá xióng yà zhōu hēi xióng zhōng de gōng xióng tǐ xíng míng xiǎn yào bǐ
子或月牙熊。亚洲黑熊中的公熊体形明显要比
mǔ xióng dà yà zhōu hēi xióng pī zhe yì céng nóng mì de hēi sè pí máo xiōng
母熊大。亚洲黑熊披着一层浓密的黑色皮毛，胸
qián yǒu yí kuài hěn míng xiǎn de bái sè huò huáng bái sè de yuè yá xíng bān wén
前有一块很明显的白色或黄白色的月牙形斑纹，
yīn cǐ yě bèi rén men chēng wéi yuè yá xióng tā men de tóu yòu kuān yòu
因此也被人们称为月牙熊。它们的头又宽又
yuán dǐng zhe liǎng zhī yuán yuán de dà ěr duo xíng zhuàng kù sì mǐ lǎo shǔ
圆，顶着两只圆圆的大耳朵，形状酷似米老鼠
de ěr duo
的耳朵。

yì bān qíng kuàng xià yà zhōu hēi
一般情况下，亚洲黑
xióng dōu huì hé rén bǎo chí yí dìng de jù
熊都会和人保持一定的距
lí tōng cháng tā men zhǐ yǒu gǎn dào zì
离。通常它们只有感到自
shēn shòu dào wēi xié huò gǎn dào yǒu rén yào
身受到威胁或感到有人要
shāng hài tā men yòu zǎi de qíng kuàng xià cái huì xí jī rén lèi jù liǎo jiě
伤害它们幼崽的情况下才会袭击人类。据了解，
yà zhōu hēi xióng méi yǒu yuán yīn de gōng jī rén lèi shì jiàn jí shǎo ruò shì
亚洲黑熊没有原因的攻击人类事件极少，若是
yǒu yì bān fā shēng zài xià mò jí yà zhōu hēi xióng de jiāo pèi jì jié qián
有，一般发生在夏末，即亚洲黑熊的交配季节前
hòu kàn lái liàn ài zhōng de dòng wù kě néng yě hé rén lèi yí yàng shí fēn
后。看来，恋爱中的动物可能也和人类一样，十分
kàng fèn hé kuáng rè kàn dài zhōu wéi shì wù de yǎn guāng yě huì yīn cǐ ér bù
亢奋和狂热，看待周围事物的眼光也会因此而不
tóng ba
同吧。

▲ 亚洲黑熊体形庞大。

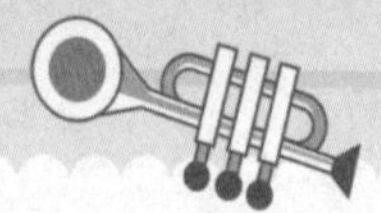

美洲豹

měi zhōu bào yòu bèi chēng wéi měi zhōu hǔ tā jí
美洲豹又被称为美洲虎，它集
hé le māo kē dòng wù shēn shang de suǒ yǒu yōu diǎn shì
合了猫科动物身上的所有优点，是
māo kē dòng wù zhōng de quán néng guàn jūn měi zhōu
猫科动物中的“全能冠军”。美洲
bào jì bú shì hǔ yě bú shì bào tā men de wài xíng jí
豹既不是虎也不是豹，它们的外形极
xiàng bào dàn zài tǐ xíng shang yào bǐ bào dà de duō
像豹，但在体形上要比豹大得多，
shì měi zhōu zuì dà de māo kē dòng wù měi zhōu bào yì
是美洲最大的猫科动物。美洲豹一
bān jū zhù zài rè dài yǔ lín zhōng
般居住在热带雨林中。

měi zhōu bào jù yǒu hǔ shī de lì liàng yòu yǒu
美洲豹具有虎、狮的力量，又有
bào de líng mǐn tè bié shì tā men qiáng dà de yǎo hé
豹的灵敏，特别是它们强大的咬合
lì tā men de quǎn chǐ zài māo kē dòng wù zhōng zuì
力。它们的犬齿在猫科动物中最
qiáng shǐ liè wù bì mìng de gài lǜ yě zuì gāo měi
强，使猎物毙命的概率也最高。美
zhōu bào xǐ huan zhí jiē dòng chuān liè wù
洲豹喜欢直接洞穿猎物
de tóu gài gǔ zhè shì tā men zài bǔ shā
的头盖骨，这是它们在捕杀
liè wù shí de yí dà tè diǎn měi zhōu bào
猎物时的一大特点。美洲豹

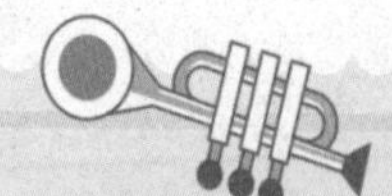

hái xǐ huan zài lù dì shang huò shuǐ li shòu liè
还喜欢在陆地上或水里狩猎，
mò shù lǎn wū guī hé qí tā xiǎo xíng dòng wù
貘、树懒、乌龟和其他小型动物
dōu shì tā men jīng cháng bǔ shí de duì xiàng
都是它们经常捕食的对象。

美洲豹在美洲很多国家被封为“美丽的天神”。

▲ 美洲豹爱独行，是蛰伏突袭的掠食者。

- 英文名：Jaguar
- 家　族：哺乳动物
- 科　属：猫科
- 分布地：美洲

◀ 美洲豹身上美丽的花纹是保护色。

云豹

云豹犬齿锋利，有“小剑齿虎”之称。

yún bào de shēn shang zhǎng yǒu yún zhuàng de huī
云豹的身上长有云状的灰
sè huò hēi sè bān diǎn tā men de míng zi yě yīn cǐ
色或黑色斑点，它们的名字也因此
ér lái yún bào zhǔ yào shēng huó zài zhōng guó nán bù
而来。云豹主要生活在中国南部、
tài guó mǎ lái xī yà hé yìn dù ní xī yà de sū mén
泰国、马来西亚和印度尼西亚的苏门
dá là hé pó luó dǎo
答腊和婆罗岛。

yún bào tǐ sè chéng jīn huáng sè tóu bù hěn yuán kǒu bí tū chū sì
云豹体色呈金黄色，头部很圆，口鼻突出，四

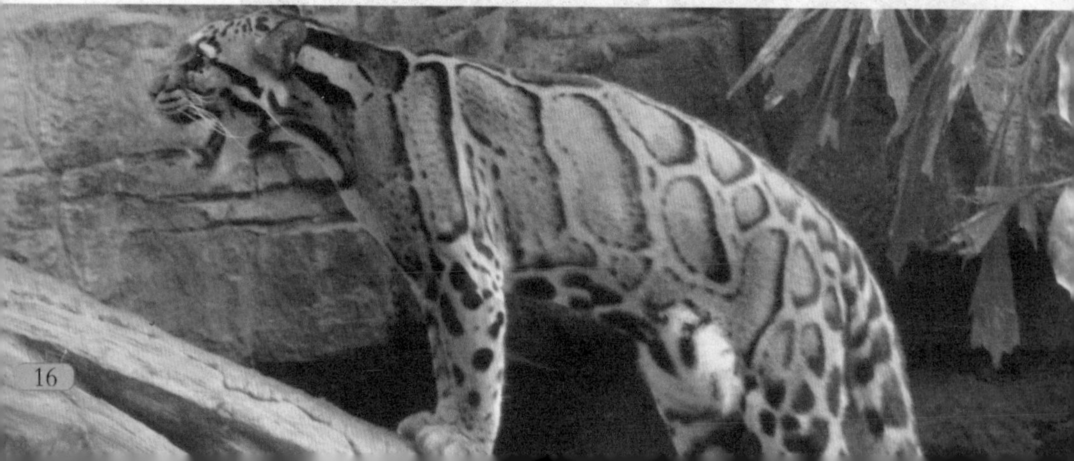

zhī cū duǎn yǒu lì zhuǎ zi yě fēi cháng dà tā
肢粗短有力，爪子也非常大，它
men yòu cū yòu cháng de wěi ba jī hū hé shēn tǐ
们又粗又长的尾巴几乎和身体
děng cháng yún bào shēng huó zài cóng lín li suǒ yǐ
等长。云豹生活在丛林里，所以
rén men hěn nán fā xiàn tā men píng shí yún bào shì
人们很难发现它们。平时云豹是
fēi cháng ān jìng de hěn kě néng nǐ cóng tā men quán fú de shù zhī xià zǒu
非常安静的，很可能你从它们蜷伏的树枝下走
guò dōu méi yǒu fā xiàn tā men de cún zài yún bào gè zi suī rán ǎi xiǎo dàn
过，都没有发现它们的存在。云豹个子虽然矮小，但
shì jù yǒu měng shòu de xiōng cán xìng
是具有猛兽的凶残性。

▲ 云豹是大型猫科动物中体形最小的。

yún bào dà dōu shì bái tiān xiū xi yè jiān huó dòng tā men pá shù de běn
云豹大都是白天休息，夜间活动。它们爬树的本
lǐng fēi cháng qiáng xǐ huan zài shù zhī shang
领非常强，喜欢在树枝上
shǒu hòu liè wù dài xiǎo xíng dòng wù lín jìn
守候猎物，待小型动物临近
shí jiù cóng shù shang yuè xià bǔ shí
时，就从树上跃下捕食。

灰狼

灰狼是犬科动物中体形最大的。

huī láng céng shì chú le rén lèi yǐ wài dì qiú shang fēn bù zuì guǎng de
灰狼曾是除了人类以外地球上分布最广的
bǔ rǔ dòng wù chú le rè dài yǔ lín hé gān zào de shā mò yǐ wài zài gè
哺乳动物。除了热带雨林和干燥的沙漠以外，在各
zhǒng shēng tài huán jìng zhōng dōu kě yǐ zhǎo dào huī láng de zú jì dàn yóu yú
种生态环境中都可以找到灰狼的足迹。但由于
zhǒng zhǒng yuán yīn huī láng yǐ jīng cóng xǔ duō yuán xiān de qī xī dì shang
种种原因，灰狼已经从许多原先的栖息地上
xiāo shī shù liàng yě dà wéi jiǎn shǎo
消失，数量也大为减少。

huī láng zhǔ yào zài wǎn shang chū lái liè shí yì bān tā men liè shí de mù
灰狼主要在晚上出来猎食，一般它们猎食的目

即使不是小狼的父母，狼群中的其他成员也会很好地照顾小狼。

标是大型素食动物，如各种鹿。北美灰狼主要的捕食对象有马鹿和驯鹿，一些强大的狼群甚至袭击牦牛和美洲野牛。灰狼的种群数量从几个到二三十个不等，通常由一对夫妻和它们的子女等家庭成员组成。

灰狼的家庭观念很强，绝不容许外来者侵犯。每当有狼群的嚎叫声响起，就预示着它们在捍卫主权和保护家园。

- 英文名：Graywolf
- 家　族：哺乳动物
- 科　属：犬科
- 分布地：世界性分布

美洲狮

▲ 美洲狮又称“美洲金猫”。

měi zhōu shī yòu bèi chēng wéi shān shī
美洲狮又被称为山狮
zi dàn tā men què bú shì shī zi měi zhōu
子，但它们却不是狮子。美洲
shī de qī xī huán jìng fēi cháng duō yàng huà
狮的栖息环境非常多样化，
bāo kuò sēn lín cǎo yuán gē bì shān dì
包括森林、草原、戈壁、山地、
zhǎo zé děng
沼泽等。

měi zhōu shī bái tiān hé yè
美洲狮白天和夜
lǐ dōu hěn huó yuè tā men cháng
里都很活跃，它们常
lì yòng shù mù hé yán shí zuò wéi
利用树木和岩石作为
yǐn bì wù fú jī liè wù zài tā
隐蔽物伏击猎物。在它
men bǔ huò de liè wù dāng zhōng
们捕获的猎物当中，
dà yuē yǒu yí bàn shì lù lèi rú
大约有一半是鹿类，如

▶ 美洲狮既非狮类也非豹类。

bái wěi lù hēi wěi lù mǎ lù tuó lù děng tā
白尾鹿、黑尾鹿、马鹿、驼鹿等。它

men yě bǔ zhuō qí tā dòng wù rú měi zhōu yě
们也捕捉其他动物，如美洲野

gǒu sōng shǔ tù zi shuǐ tǎ qiú yú huǒ jī
狗、松鼠、兔子、水獭、犰狳、火鸡、

duǎn wěn è yú shù lǎn mò děng shèn zhì zhà
短吻鳄、鱼、树懒、貘等，甚至蚱

měng biān fú wā děng rén lèi rú guǒ jiāng yì zhī měi zhōu shī yòu zǎi cóng
蜢、蝙蝠、蛙等。人类如果将一只美洲狮幼崽从

xiǎo xùn yǎng nà me tā zhǎng dà hòu biàn huì hé jiā zhōng de qí tā xiǎo dòng
小驯养，那么它长大后便会和家中的其他小动

wù hé píng xiāng chǔ
物和平相处。

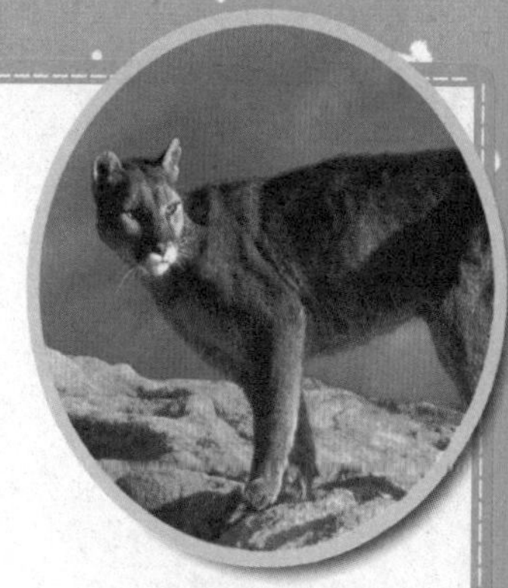

▲ 美洲狮可以被驯养，像狗一样守护家门。

- 英文名：Mountain Lion
- 家　族：哺乳动物
- 科　属：猫科
- 分布地：美洲

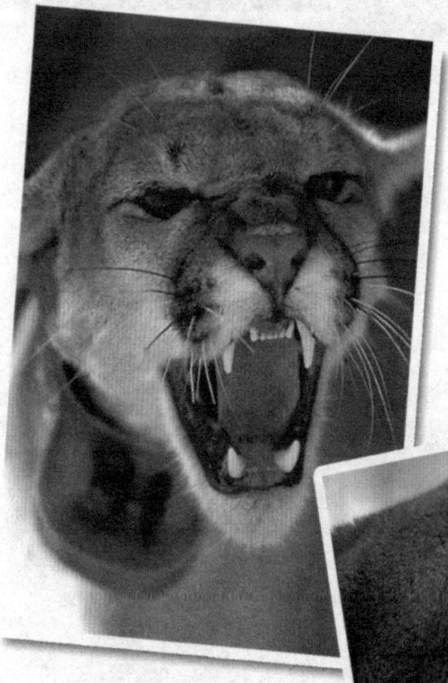

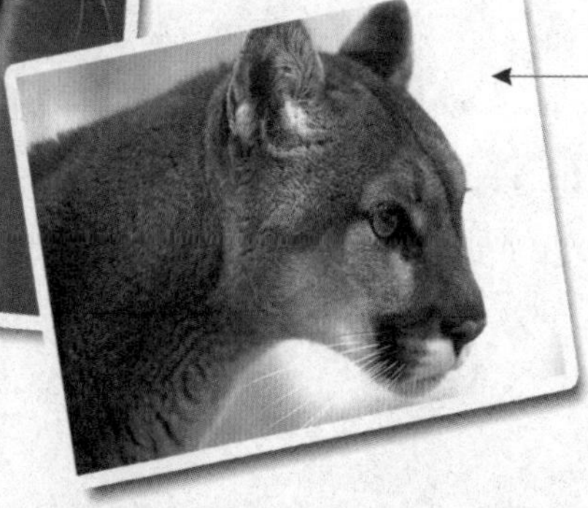

美洲狮善于跳跃，一跃可达八九米。

豺与狼是两种不同的动物。

chái yòu bèi chēng wéi hóng láng tā men quán shēn chì zōng sè tǐ xíng jiè
豺又被称为红狼，它们全身赤棕色，体形介
yú hú li hé láng zhī jiān chái xíng dòng mǐn jié shàn yú tiào yuè chái zài gè gè
于狐狸和狼之间。豺行动敏捷，善于跳跃。豺在各个
dì qū de mì dù xiāng duì lái shuō jiào wéi xī shū qí shù liàng yuǎn bù rú hú
地区的密度相对来说较为稀疏，其数量远不如狐、
láng nà me duō dāng qún tǐ chéng yuán zhī jiān fā shēng máo dùn de shí hou chái
狼那么多。当群体成员之间发生矛盾的时候，豺
huì sī yǎo cháng cháng yǎo de xiān xuè lín lí yǒu shí shèn zhì lián ěr duo yě huì
会厮咬，常常咬得鲜血淋漓，有时甚至连耳朵也会
yǎo diào
咬掉。

chái píng shí biǎo xiàn chū de xìng qíng shì
豺平时表现出的性情是
shí fēn chén mò ér jǐng jué de dàn zài bǔ liè
十分沉默而警觉的，但在捕猎
de shí hou néng fā chū zhào jí xìng de háo jiào
的时候能发出召集性的嚎叫
shēng tā men de bǔ liè huó dòng duō fā
声。它们的捕猎活动多发
shēng zài qīng chén hé huáng hūn yǒu shí yě
生在清晨和黄昏，有时也
zài bái tiān jìn xíng tā men shàn yú zhuī zhú
在白天进行。它们善于追逐
liè wù cháng yǐ wéi gōng fāng shì bǔ liè
猎物，常以围攻方式捕猎。

豺的听觉和嗅觉发达，行动迅速。

chái xiù jué líng mǐn nài lì jí hǎo liè shí de jī běn fāng shì yǔ láng hěn
豺嗅觉灵敏，耐力极好，猎食的基本方式与狼很
xiāng sì duō cǎi qǔ jiē lì shì qióng zhuī bù
相似，多采取接力式穷追不
shě hé jí tǐ wéi gōng yǐ duō qǔ shèng de
舍和集体围攻、以多取胜的
fāng fǎ
方法。

山魈

shān xiāo yě jiào guǐ fèi fèi tā men zhǎng zhe cháng cháng de mǎ liǎn yǒu
山魈也叫鬼狒狒，它们长着长长的马脸，有
yí gè xiàng wài tū chū de bí zi hái yǒu yì zhāng xuè pén dà kǒu qí liáo yá
一个向外凸出的鼻子，还有一张血盆大口，其獠牙
yuè dà biǎo míng qí dì wèi yuè gāo xióng xìng shān xiāo pí
越大表明其地位越高。雄性山魈脾
qì bào liè gōng jī xìng qiáng shān xiāo piāo hàn qiáng
气暴烈，攻击性强。山魈剽悍强
zhuàng yǒu shí hái bǔ shí qí tā hóu lèi yīn cǐ bèi chēng
壮，有时还捕食其他猴类，因此被称

山魈因脸部色彩鲜艳的特殊图案形似鬼怪而得名。

山魈虽然不爱攀爬，但晚上会到树上睡觉。

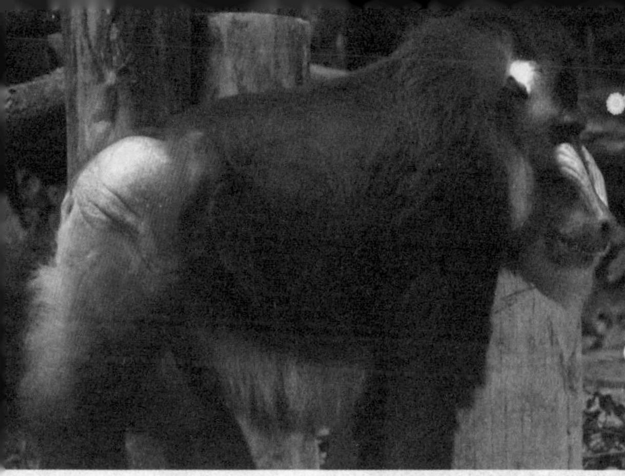

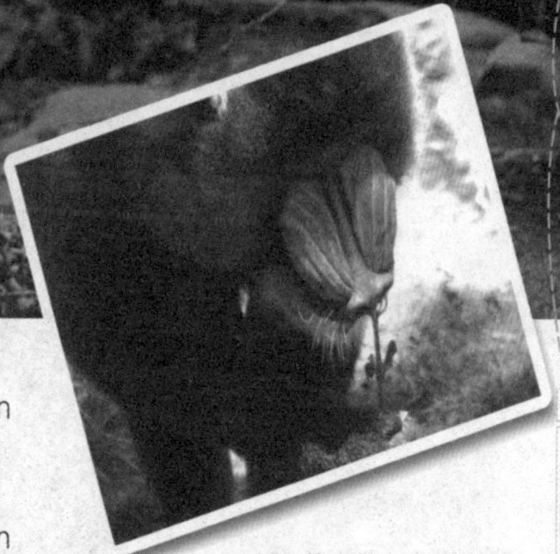

▲ 领头的山魈力大且凶猛。

wéi shì jiè shang zuì xiōng hěn de hóu lèi shān
为世界上最凶狠的猴类。山
xiāo lì dà guò rén bú yì xùn yǎng xióng shān
魈力大过人，不易驯养，雄山
xiāo yóu wéi xiǎn zhù xiāng bǐ zhī xià cí shān xiāo bǐ jiào wēn shùn kě yǐ hé rén
魈尤为显著。相比之下，雌山魈比较温顺，可以和人
qīn jìn
亲近。

shān xiāo bǐ jiào xǐ huan zài duō yán shí de xiǎo shān shang huó dòng bái tiān
山魈比较喜欢在多岩石的小山上活动。白天
zài dì miàn huó dòng yě huì shàng shù shuì jiào huò bù cí xīn kǔ de dào chù xún zhǎo
在地面活动，也会上树睡觉或不辞辛苦地到处寻找
shuǐ guǒ hé guǒ kūn chóng wō niú rú chóng wā xī yì shǔ děng zuò wéi shí
水果、核果、昆虫、蜗牛、蠕虫、蛙、蜥蜴、鼠等作为食
wù shān xiāo de zhǔ yào dí rén shì bào dàn
物。山魈的主要敌人是豹，但
bào zhǐ gǎn tōu xí cí shān xiāo hé shān xiāo yòu
豹只敢偷袭雌山魈和山魈幼
zǎi duì yú qiáng zhuàng yǒu lì de xióng shān
崽，对于强壮有力的雄山
xiāo bào yě zhǐ néng wàng ér què bù
魈，豹也只能望而却步。

- **英文名：** Mandrill
- **家　族：** 哺乳动物
- **科　属：** 猴科
- **分布地：** 非洲中西部

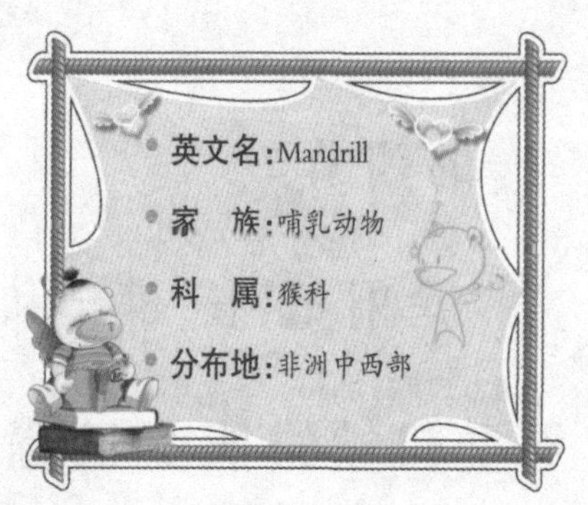

猞猁在我国也叫马猞猁或者野狸子。

shē lì de wài xíng kù sì jiā māo dàn tā men yào
猞猁的外形酷似家猫，但它们要

bǐ jiā māo dà xǔ duō hé jiā māo yí yàng shē lì yě
比家猫大许多。和家猫一样，猞猁也

shì qián zhī duǎn hòu zhī cháng tā men zhī jiān zuì míng xiǎn
是前肢短后肢长，它们之间最明显

de qū bié jiù shì shē lì yǒu yì tiáo duǎn duǎn de wěi ba
的区别就是猞猁有一条短短的尾巴，

liǎng ěr de jiān duān yǒu sǒng lì de máo hěn xiàng xì tái
两耳的尖端有耸立的毛，很像戏台

shang wǔ jiàng guān
上武将“冠”

shang de líng zi
上的翎子。

shē lì shàn cháng pān pá hé yóu yǒng
猞猁擅长攀爬和游泳，

rěn shòu jī è de néng lì hěn qiáng tā men
忍受饥饿的能力很强，它们

- 英文名：Lynx
- 家　族：哺乳动物
- 科　属：猫科
- 分布地：欧亚大陆

▲ 夏天，猞猁身上的斑点清晰，冬天则不明显。

▲ 猞猁耳尖上的毛有收集声波的作用。

kě zài yí gè dì fang jìng jìng de wò shàng jǐ tiān
可在一个地方静静地卧上几天
bù chī bù hē shē lì bú wèi yán hán xǐ huan
不吃不喝。猞猁不畏严寒，喜欢
bǔ shā páo zi děng zhōng dà xíng shòu lèi tā men
捕杀狍子等中大型兽类。它们
huó dòng pín fán huó dòng fàn wéi shì shí wù fēng
活动频繁，活动范围视食物丰
fù chéng dù ér dìng yǒu lǐng dì xíng wéi hé gù
富程度而定，有领地行为和固
dìng de pái xiè dì diǎn
定的排泄地点。

shē lì shì zhēn guì de máo pí shòu pí
猞猁是珍贵的毛皮兽，皮
máo xì ruǎn fēng hòu sè diào róu hé shì jì
毛细软丰厚，色调柔和。20世纪
nián dài mò qī zài jù é lì yì qū shǐ xià
80年代末期，在巨额利益驱使下
de rén men kāi shǐ bǔ shā shē lì shǐ shē lì
的人们开始捕杀猞猁，使猞猁
zhǒng qún zāo shòu le kōng qián de zāi nàn
种群遭受了空前的灾难。

短尾猫

短尾猫又叫赤猞猁、北美山猫。

duǎn wěi māo cóng tǐ xíng shang kàn bǐ jiào xì xiǎo tā de máo yì bān
短尾猫从体形上看比较细小。它的毛一般
dōu shì huáng hè sè zhì huī hè sè shēn tǐ qián zhī jí wěi ba shang zhǎng yǒu
都是黄褐色至灰褐色，身体、前肢及尾巴上长有
hēi sè de bān wén duǎn wěi māo shēn shang de yuán bān diǎn shì tā wěi zhuāng zì
黑色的斑纹。短尾猫身上的圆斑点是它伪装自
jǐ de zuì jiā gōng jù tā de zuǐ chún miàn jiá jí fù bù yì bān dōu chéng
己的最佳工具。它的嘴唇、面颊及腹部一般都呈
mǐ bái sè shēng huó zài běi měi zhōu xī nán bù shā mò dì qū de duǎn wěi māo
米白色。生活在北美洲西南部沙漠地区的短尾猫
máo sè jiào qiǎn ér shēng huó zài běi bù sēn lín de duǎn wěi māo tǐ sè zé
毛色较浅，而生活在北部森林的短尾猫体色则

jiào shēn
较深。

duǎn wěi māo zài liè shí bù tóng dòng
短尾猫在猎食不同动

wù de shí hou huì cǎi yòng bù tóng de bǔ liè
物的时候会采用不同的捕猎

fāng shì duì yú bǐ jiào ruò xiǎo de dòng
方式。对于比较弱小的动

wù rú niè chǐ dòng wù niǎo lèi yú lèi
物，如啮齿动物、鸟类、鱼类

jí kūn chóng děng duǎn wěi māo huì qián wǎng
及昆虫等，短尾猫会前往

liè wù fēn bù jiào wéi mì jí de dì fang
猎物分布较为密集的地方，

děng dài shí jī fú jī liè wù duì yú shāo
等待时机伏击猎物。对于稍

dà yì xiē de dòng wù bǐ rú yě tù tā
大一些的动物，比如野兔，它

huì gēn zōng liè wù zhí dào liè wù zài qí
会跟踪猎物，直到猎物在其

mǐ de fàn wéi nèi de shí hou zài
6~20米的范围内的时候，再

kāi shǐ zhuī bǔ
开始追捕。

短尾猫后腿比前腿长，擅长跳跃。

短尾猫的警惕性很强。

红河猪

红河猪脊背的浅色毛很明显。

红河猪是非洲野猪的一种，也叫西非薮猪。红河猪的体长一般为1~1.5米，尾巴的长度为0.3~0.4米，体重为50~130千克。

红河猪的毛色由砖红至黑灰色均匀分布，它们最典型的特征是雄性红河猪眼下有疣，面部有鬓，而且鬓毛花白。红河猪的住处比较特别，它们在

gāo cǎo hé wěi cóng zhōng jué dòng wéi cháo
高草和苇丛中掘洞为巢，
bìng qiě xí guàn zhòu fú yè chū yǐ jiā
并且习惯昼伏夜出，以家
zú xiǎo qún tǐ wéi zhěng tǐ jìn xíng huó
族小群体为整体进行活
dòng zhǔ yào huó dòng jiù shì mì shí tā
动，主要活动就是觅食。它
men zhǔ yào yǐ zhí wù gēn kuài jiāng guǒ
们主要以植物根块、浆果、
jīng yè yě guǒ wéi shí suī rán hóng hé
茎叶、野果为食。虽然红河
zhū xìng qíng xiōng měng dàn shì tā men yě
猪性情凶猛，但是它们也
huì yú lè zì jǐ tā men huì zài hé
会娱乐自己，它们会在河
li yóu yǒng zhè zhǒng xǐ huan duàn liàn
里游泳。这种喜欢锻炼
de dòng wù shòu mìng yì bān wéi
的动物寿命一般为10～
nián
15年。

红河猪是猪类中很漂亮的一种。

貂

diāo de tǐ xíng suī rán hěn xiǎo dàn tā
貂的体形虽然很小，但它
shì yì zhǒng xìng qíng xiōng měng de ròu shí xìng
是一种性情凶猛的肉食性
dòng wù diāo jù yǒu fā dá de gāng dài gāng
动物。貂具有发达的肛袋，肛
dài xiàn kě chǎn shēng yǒu tè shū qì wèi de fēn
袋腺可产生有特殊气味的分
mì wù diāo wú máng cháng bìng qiě xiǎo cháng
泌物。貂无盲肠并且小肠

貂又叫貂鼠。

大部分貂都居住在树上。

紫貂现是一级保护动物。

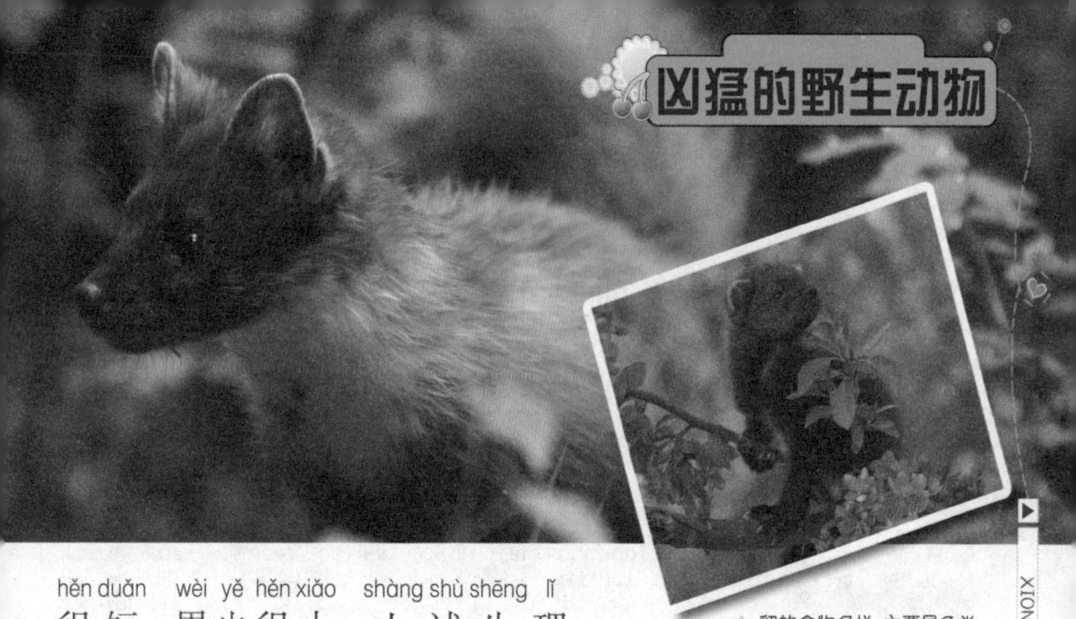

▲ 貂的食物多样，主要是鱼类。

hěn duǎn wèi yě hěn xiǎo shàng shù shēng lǐ
很短，胃也很小。上述生理
tè zhēng jué dìng le diāo xū yào shǎo shí duō cān měi cì shè shí jiàn gé wéi xiǎo shí
特征决定了貂需要少食多餐，每次摄食间隔为3小时，
zhè zhǒng qíng kuàng yě jué dìng le rén gōng sì yǎng diāo cún zài zhe yí dìng de nán
这种情况也决定了人工饲养貂存在着一定的难
dù suǒ yǐ rén gōng sì yǎng de diāo yì bān shòu mìng bù chāo guò nián
度，所以人工饲养的貂一般寿命不超过5年。

běi jí juàn fù jìn zǒng yǒu liè rén zhuān mén bǔ zhuō diāo yóu yú diāo xìng qíng
北极圈附近总有猎人专门捕捉貂。由于貂性情
xiōng měng huó dòng mǐn jié bǔ zhuō tā de shí hou xū yào zhù yì hěn duō jì qiǎo
凶猛、活动敏捷，捕捉它的时候需要注意很多技巧。
bǐ rú yào dài shàng hòu shi de pí shǒu tào
比如要戴上厚实的皮手套，
fáng zhǐ bèi tā yǎo dào yào yì shǒu jiā chí
防止被它咬到；要一手夹持
diāo de jǐng bù lìng yì zhī shǒu zhuō zhù qí
貂的颈部，另一只手捉住其
kuān bù huò wěi gēn bù
髋部或尾根部。

- 英文名：Sable
- 家　族：哺乳动物
- 科　属：鼬科
- 分布地：亚洲北部

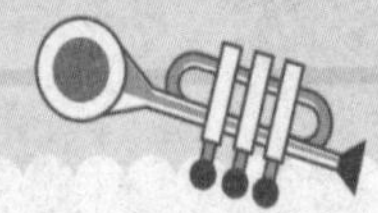

袋獾

wǒ men dōu zhī dào dài shǔ de fù bù yǒu yí gè
我们都知道袋鼠的腹部有一个
dà dà de dài zi qí shí hái yǒu yì zhǒng dòng wù
大大的袋子。其实，还有一种动物
hé dài shǔ yí yàng yǒu yí gè qí tè de dài zi tā jiù
和袋鼠一样有一个奇特的袋子，它就
shì dài huān
是袋獾。

dài huān shēn pī hēi sè de pí máo zāo yù dí
袋獾身披黑色的皮毛，遭遇敌
hài shí shēn tǐ huì fā chū tè shū de chòu wèi jiān jiào
害时身体会发出特殊的臭味，尖叫
shēng yě fēi cháng cì ěr dài huān yǐ tā dú tè de
声也非常刺耳，袋獾以它独特的
háo jiào shēng hé bào zào de pí qì zhù chēng tǎ sī mǎ
嚎叫声和暴躁的脾气著称。塔斯马
ní yà de jū mín yīn wèi bèi yè wǎn yuǎn chù chuán lái
尼亚的居民因为被夜晚远处传来
de dài huān kě pà de jiān jiào shēng xià huài le yīn cǐ
的袋獾可怕的尖叫声吓坏了，因此
chèng tā men wéi tǎ sī mǎ ní yà
称它们为“塔斯马尼亚
de è mó dài huān kě yǐ zì jǐ
的恶魔”。袋獾可以自己
shòu liè dàn tóng shí yě chī fǔ ròu
狩猎，但同时也吃腐肉。
tā men tōng cháng dōu shì dān dú xíng
它们通常都是单独行

袋獾昼伏夜出。

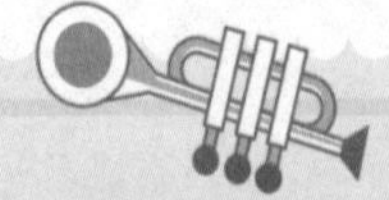

dòng dàn yǒu shí yě huì yǔ qí tā dài huān yì
动，但有时也会与其他袋獾一

qǐ jìn shí
起进食。

jīng guò kē xué jiā de fēn xī fā xiàn dài
经过科学家的分析发现，袋

huān shì xiàn cún sī yǎo lì liàng zuì dà de bǔ rǔ
獾是现存撕咬力量最大的哺乳

dòng wù yì zhī qiān kè zhòng de dài huān néng
动物。一只6千克重的袋獾能

gòu shā sǐ zhòng qiān kè de dài xióng
够杀死重30千克的袋熊。

▲ 袋獾是澳洲的标志性动物。

- 英文名：Devils
- 家　族：哺乳动物
- 科　属：袋鼬科
- 分布地：澳大利亚的塔斯马尼亚州

袋獾的形象经常出现在澳元纪念币上。

狐狸

狐狸能释放恶臭的气体。

hú li shēng huó zài sēn lín cǎo yuán bàn shā
狐狸生活在森林、草原、半沙
mò qiū líng dì dài jū zhù yú shù dòng huò tǔ xué
漠、丘陵地带，居住于树洞或土穴
zhōng bàng wǎn de shí hou wài chū mì shí yì bān shì
中，傍晚的时候外出觅食，一般是

zhí dào tiān liàng cái huí dào zhù chù hú li de xiù jué hé tīng jué jí qí líng
直到天亮才回到住处。狐狸的嗅觉和听觉极其灵
mǐn tā men xíng dòng mǐn jié suǒ yǐ néng bǔ shí lǎo shǔ yě tù xiǎo
敏，它们行动敏捷，所以能捕食老鼠、野兔、小
niǎo yú wā xī yì rú chóng děng dòng wù yǒu shí yě huì cǎi shí yì
鸟、鱼、蛙、蜥蜴、蠕虫等动物，有时也会采食一

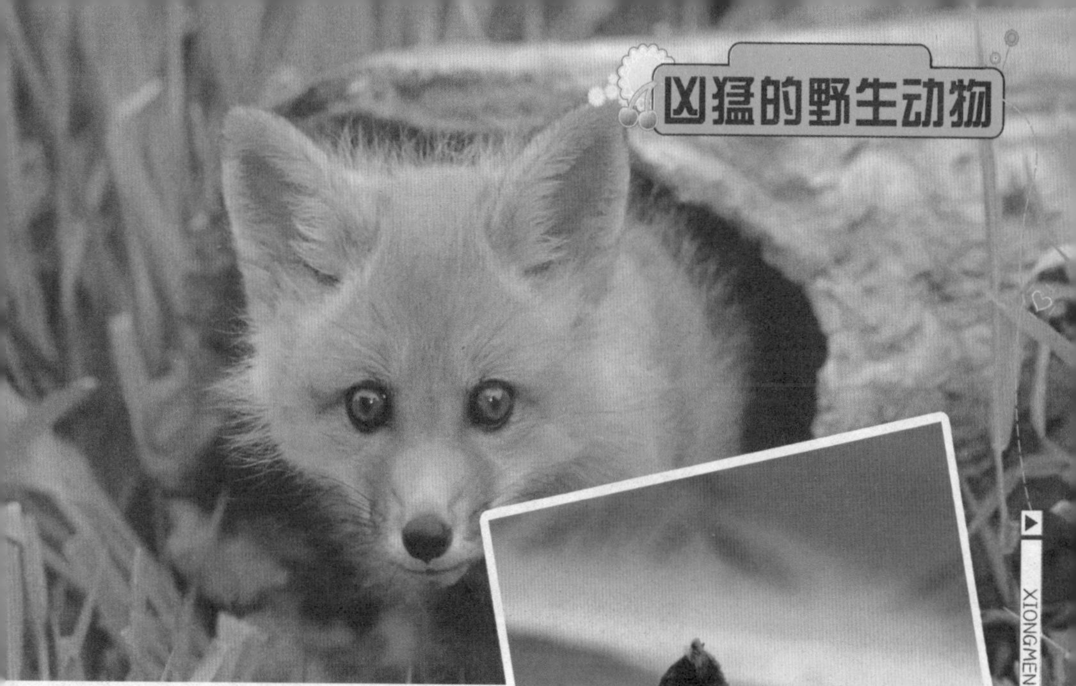

xiē yě guǒ
些野果。

hú li hái yǒu yí gè fēi cháng
狐狸还有一个非常

qí guài de xíng wéi yì zhī hú li
奇怪的行为：一只狐狸

▲ 狐狸给人以聪明、狡猾的感觉。

yào shi tiào jìn jī shè huì bǎ jī shè zhōng de xiǎo jī quán bù yǎo sǐ zuì hòu
要是跳进鸡舍，会把鸡舍中的小鸡全部咬死，最后

jǐn diāo zǒu yì zhī hú li hái cháng cháng zài bào fēng yǔ zhī yè chuǎng rù
仅叼走一只。狐狸还常常在暴风雨之夜，闯入

hēi tóu ōu de qī xī dì bǎ shù shí zhī hēi
黑头鸥的栖息地，把数十只黑

tóu ōu quán bù shā sǐ dàn bù chī diào yě
头鸥全部杀死，但不吃掉，也

bú dài zǒu wǒ men bǎ hú li de zhè zhǒng
不带走。我们把狐狸的这种

xíng wéi jiào zuò shā guò
行为叫作“杀过”。

- **英文名**：Fox
- **家　族**：哺乳动物
- **科　属**：犬科
- **分布地**：世界性分布

蟒

▲ 最长的蟒可达10米。

蟒大多生活在水域附近，也有一部分栖息在树上。虽然蟒看上去非常可怕，但是巨蟒是无毒的。它们经常以缠绕的方法杀死猎物，然后将猎物吞食。它们生性迟钝，但是在捕猎的时候动作异常迅速和准确，最大的巨蟒可以吞下小山羊、小猪或小鹿，但一般蟒仅捕食小猎物。生活在城镇地区的巨蟒常常捕食鼠类、小鸟等。

巴西热带雨林中的蟒可被人类驯化。

- 英文名：Python
- 家　族：爬行动物
- 科　属：蟒科
- 分布地：非洲、亚洲、大洋洲

巨蟒很善于游泳。它们喜热怕冷，夏季高温的时候巨蟒常常躲在阴凉处，一般于夜间外出捕食。它们经常突袭猎物，然后用身体将猎物紧紧缠住，从猎物的头部开始将其慢慢吞下。巨蟒除猎物的皮毛外，其余皆可消化。巨蟒每次吃饱之后，可以在接下来的几个月中不进食。

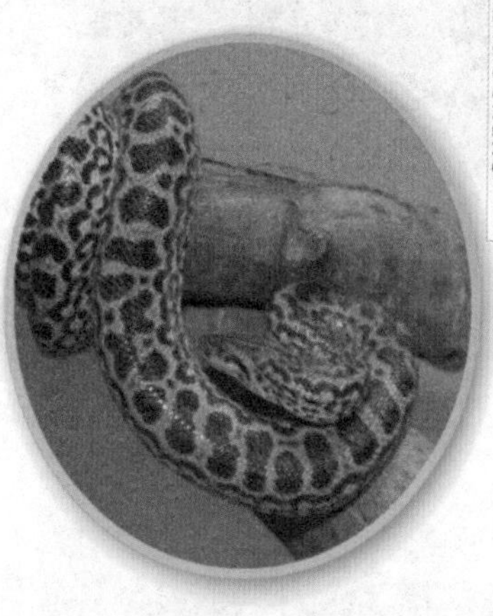

蚺

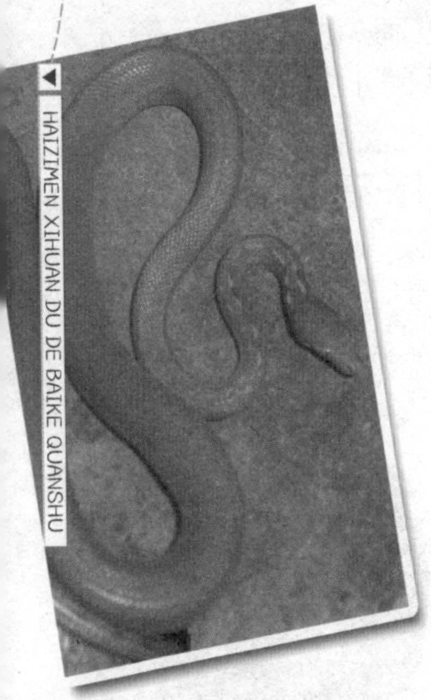

▲ 南美巨蚺可吞食鳄鱼。

rán dà duō shù wéi lù qī huò bàn shuǐ qī
蚺大多数为陆栖或半水栖，
yǒu yì xiē zhǒng lèi wéi shù qī rán shēn tǐ duō
有一些种类为树栖。蚺身体多
chéng xiàn hè sè lǜ sè huò dàn huáng sè bìng
呈现褐色、绿色或淡黄色，并
yǒu sàn bù de bān wén hé líng xíng huā wén
有散布的斑纹和菱形花纹。

rán bǔ shí liè wù de shí hou yì bān shì
蚺捕食猎物的时候，一般是
xiān yǎo zhù liè wù rán hòu shōu suō shēn
先咬住猎物，然后收缩身
tǐ jiāng qí yì sǐ xǔ duō rán dōu jù
体将其缢死。许多蚺都具
yǒu rè mǐn xìng de chún wō tā men kě
有热敏性的唇窝，它们可
yǐ jiè cǐ fā xiàn rè xuè dòng wù rán
以借此发现热血动物。蚺

▼ 蚺是生活在水边的几种蟒蛇的特称。

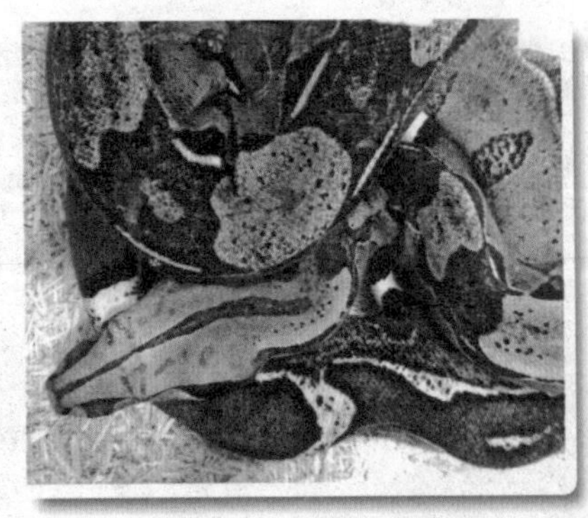

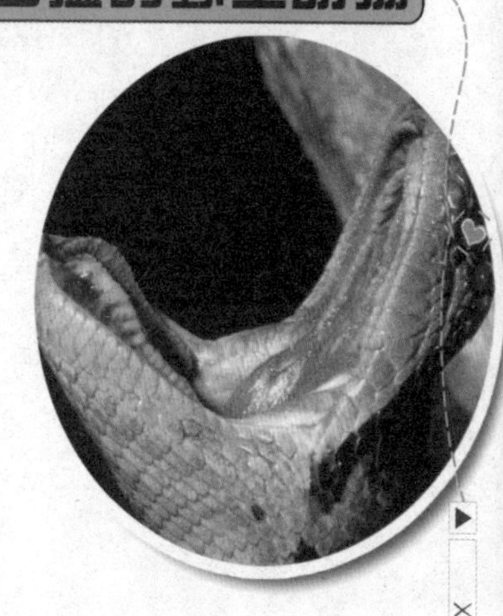

轻易不伤害人类，民间传说中所说的巨蚺作怪、危害人类等都是缺少事实根据的。

有几种适应树栖生活的蚺具有适于捕鸟的长牙。树栖的蚺有南美热带地区的翠绿树蚺，即亚马孙树蚺，它们背部为绿色，间有白色纵条和横纹，腹部为黄色。哥斯达黎加至阿根廷一带的虹蚺花纹并不鲜明，但有显著的彩虹般光泽。

蚺是胎生，蟒是卵生。

眼镜王蛇

眼镜王蛇排毒量大。

yǎn jìng wáng shé yì bān shēng huó zài píng yuán zhì gāo shān de shù lín zhōng
眼镜王蛇一般生活在平原至高山的树林中，
zài shān qū xī liú fù jìn jīng cháng kě yǐ jiàn dào tā men de shēn yǐng yǒu shí hou zài
在山区溪流附近经常可以见到它们的身影，有时候在
lín qū cūn luò fù jìn yě kě yǐ fā xiàn tā men
林区村落附近也可以发现它们
de zōng jì tā men yì bān yǐn nì zài yán fèng
的踪迹。它们一般隐匿在岩缝
er huò shù dòng li yǒu shí yě huì pá shàng
儿或树洞里，有时也会爬上
shù wǎng wǎng shì hòu bàn shēn chán rào zài shù
树，往往是后半身缠绕在树

zhī shang qián bàn shēn xuán kōng xià chuí huò áng qǐ
枝上，前半身悬空下垂或昂起。

yǎn jìng wáng shé shì wǒ guó shé lèi zhōng shēng
眼镜王蛇是我国蛇类中生

xìng zuì xiōng měng de yì zhǒng dú shé dāng tā men
性最凶猛的一种毒蛇。当它们

yù dào wēi xiǎn shí jǐng bù liǎng cè huì péng zhàng
遇到危险时，颈部两侧会膨胀

qǐ lái bìng fā chū hū hū de xiǎng shēng tā
起来，并发出“呼呼”的响声。它

men de shé tou hěn líng mǐn néng tōng guò kōng qì zhēn chá dí qíng biàn bié liè wù
们的舌头很灵敏，能通过空气侦察敌情，辨别猎物

de lèi bié zuì lìng rén kǒng bù de mò guò yú qí shòu jīng fā nù shí de yàng zi
的类别。最令人恐怖的莫过于其受惊发怒时的样子，

shēn tǐ qián bù huì gāo gāo lì qǐ jǐng bù biàn de kuān biǎn bào lù chū qí tè
身体前部会高高立起，颈部变得宽扁，暴露出其特

yǒu de yǎn jìng yàng bān wén tóng shí kǒu zhōng tūn tǔ zhe yòu xì yòu cháng qián
有的眼镜样斑纹，同时，口中吞吐着又细又长、前

duān fēn chà de shé tou
端分叉的舌头。

▲ 生活在沙漠中的眼镜王蛇被称为“沙漠之金”。

眼镜王蛇的食物主要是其他蛇类。

竹叶青蛇

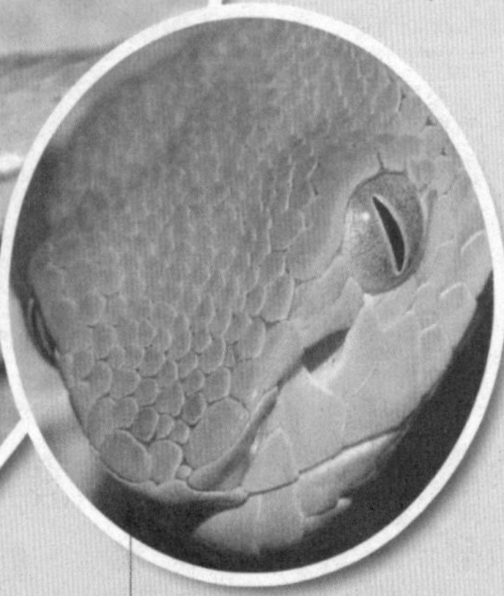

竹叶青蛇有剧毒。

zhú yè qīng shé de tóu bù jiào dà chéng sān jiǎo xíng yǎn yǔ bí kǒng zhī
竹叶青蛇的头部较大，呈三角形，眼与鼻孔之
jiān yǒu jiá wō wěi ba bǐ jiào duǎn tóu bèi bù dōu shì xiǎo lín piàn zhú yè
间有颊窝，尾巴比较短，头背部都是小鳞片。竹叶
qīng shé tōng shēn chéng lǜ sè fù miàn shāo
青蛇通身呈绿色，腹面稍
qiǎn huò chéng cǎo huáng sè yǎn jing wěi
浅或呈草黄色，眼睛、尾
bèi hé wěi jiān chéng jiāo hóng sè qí tǐ
背和尾尖呈焦红色。其体
cè cháng yǒu yì tiáo yóu hóng bái gè bàn huò
侧常有一条由红白各半或

chún bái sè de bèi lín zhuì chéng de zòng xiàn
纯白色的背鳞缀成的纵线。

zhú yè qīng shé xǐ huan zài yīn yǔ tiān
竹叶青蛇喜欢在阴雨天

huó dòng zài bàng wǎn hé yè jiān zuì wéi huó
活动，在傍晚和夜间最为活

yuè tā men yǐ wā kē dǒu xī yì niǎo
跃。它们以蛙、蝌蚪、蜥蜴、鸟

hé xiǎo xíng bǔ rǔ dòng wù wéi shí rén yí
和小型哺乳动物为食。人一

dàn bèi zhú yè qīng shé yǎo shāng shāng kǒu
旦被竹叶青蛇咬伤，伤口

jú bù huì chǎn shēng jù liè zhuó tòng gǎn
局部会产生剧烈灼痛感，

zhǒng zhàng fā zhǎn xùn sù qí diǎn xíng tè
肿胀发展迅速，其典型特

zhēng wéi xuè xìng shuǐ pào yì bān jiào shǎo chū
征为血性水疱；一般较少出

xiàn quán shēn zhèng zhuàng bèi zhú yè qīng shé
现全身症状。被竹叶青蛇

yǎo shāng suī bú huì yǒu shēng mìng wēi xiǎn
咬伤虽不会有生命危险，

dàn qí fēn bù guǎng fàn chū xiàn de bìng lì
但其分布广泛，出现的病例

hěn duō gù zhú yè qīng shé de wēi hài hái shi
很多，故竹叶青蛇的危害还是

hěn dà de
很大的。

竹叶青蛇喜欢上树。

竹叶青蛇是卵胎生。

竹叶青蛇尾呈焦红色，又叫“火烧尾”。

眼镜蛇

▲ 眼镜蛇因背部的一对黑白斑而得名。

yǎn jìng shé tǐ sè duō yàng cóng hēi sè shēn zōng sè dào qiǎn huáng bái sè bù děng yǎn jìng shé zài yù jiàn dí rén de shí hou jǐng bù de pí zhě kě yǐ xiàng wài péng zhàng qǐ lái wēi hè duì shǒu

眼镜蛇体色多样，从黑色、深棕色到浅黄白色不等。眼镜蛇在遇见敌人的时候，颈部的皮褶可以向外膨胀起来威吓对手。

yǎn jìng shé de dú yè wéi gāo wēi xìng shén jīng dú yè suǒ yǐ bèi yǎn jìng shé yǎo shì hòu kě néng huì diū diào xìng mìng rén men zài bèi yǎn jìng shé yǎo shāng hòu bì xū jǐn kuài zhù shè kàng shé dú xuè qīng yǐ miǎn wēi jí shēng mìng zài nán yà hé dōng nán yà měi nián dōu huì fā shēng shù qiān qǐ bèi yǎn jìng shé yǎo shì ér dǎo zhì sǐ wáng de àn lì

眼镜蛇的毒液为高危性神经毒液，所以被眼镜蛇咬噬后可能会丢掉性命。人们在被眼镜蛇咬伤后必须尽快注射抗蛇毒血清，以免危及生命。在南亚和东南亚，每年都会发生数千起被眼镜蛇咬噬而导致死亡的案例。

草原魔鬼

CAOYUAN MOGUI

非洲狮

fēi zhōu shī de máo fà hěn duǎn tǐ sè
非洲狮的毛发很短，体色
yǒu qiǎn huī huáng sè huò chá sè děng jǐ zhǒng
有浅灰、黄色或茶色等几种
bù tóng de yán sè xióng shī yì bān zhǎng yǒu
不同的颜色。雄狮一般长有
cháng cháng de zōng máo yán jiū biǎo míng xióng
长长的鬃毛，研究表明，雄
shī zōng máo de zhǔ yào zuò yòng shì kuā
狮鬃毛的主要作用是夸
zhāng tǐ xíng cóng ér qǐ dào yí dìng
张体形，从而起到一定
de wēi shè zuò yòng fēi zhōu shī yǒu
的威慑作用。非洲狮有
cǎo yuán zhī wáng de měi yù
“草原之王”的美誉。

fēi zhōu shī bǔ shí shì bù fēn
非洲狮捕食是不分
bái tiān hēi yè de dàn shì xiāng duì
白天黑夜的，但是相对
lái jiǎng tā men zài yè jiān bǔ shí
来讲，它们在夜间捕食

▶ 非洲狮是非洲最强大的猫科动物。

de chéng gōng lǜ yào gèng gāo yì xiē fēng duì fēi zhōu
的成功率要更高一些。风对非洲

shī bǔ shí yǒu yí dìng bāng zhù yīn wèi fēng chuī cǎo dòng
狮捕食有一定帮助，因为风吹草动

zhì zào de zào yīn huì yǎn gài zhù fēi zhōu shī kào jìn liè
制造的噪音会掩盖住非洲狮靠近猎

wù de shēng yīn yǒu zhù yú tā men bǔ shí fēi zhōu shī
物的声音，有助于它们捕食。非洲狮

▲ 非洲狮的群体意识强。

xǐ huan xié tóng hé zuò yóu qí shì yù dào de liè wù gè tóu er bǐ jiào dà de
喜欢协同合作，尤其是遇到的猎物个头儿比较大的

shí hou tā men zǒng shì cóng sì zhōu qiǎo rán bāo wéi liè wù qí zhōng yǒu de shī
时候。它们总是从四周悄然包围猎物，其中有的狮

zi fù zé qū gǎn liè wù yǒu de zé děng zhe fú jī
子负责驱赶猎物，有的则等着伏击。

- 英文名：African Lion
- 家　族：哺乳动物
- 科　属：猫科
- 分布地：非洲

雄非洲狮很少参与捕猎。

亚洲狮是唯一生活在非洲以外的狮子。

yà zhōu shī zú qún qiān xǐ fēi cháng pín fán
亚洲狮族群迁徙非常频繁。
zhè kě néng shì yīn wèi yà zhōu shī qī xī zài yìn dù
这可能是因为亚洲狮栖息在印度
xī bù de cóng lín zhōng nà lǐ dà xíng liè wù shǎo
西部的丛林中，那里大型猎物少，
tóng shí tóng yà zhōu shī zhēng qiǎng liè wù de jìng zhēng
同时同亚洲狮争抢猎物的竞争
duì shǒu duō zhè cóng mǒu zhǒng jiǎo dù shang gěi yà
对手多，这从某种角度上给亚
zhōu shī de shēng cún dài lái bù shǎo kùn nan
洲狮的生存带来不少困难。

yà zhōu xióng shī de zōng máo bìng bù nóng mì
亚洲雄狮的鬃毛并不浓密，
zài tā de fù bù hé qián zhī zhǒu bù yě yǒu shǎo liàng
在它的腹部和前肢肘部也有少量
cháng máo zuì míng xiǎn de tè zhēng shì zài yà zhōu
长毛，最明显的特征是，在亚洲

▲ 亚洲狮有时会袭击家畜。

shī de wěi bù yǒu yí gè hěn dà de qiú
狮的尾部有一个很大的球
zhuàng máo yà zhōu shī de shī qún shì yóu
状毛。亚洲狮的狮群是由
jiào nián zhǎng de mǔ shī chōng dāng shǒu lǐng
较年长的母狮充当首领，
shī qún jiào xiǎo xióng shī píng cháng bìng bú
狮群较小。雄狮平常并不
tà zú shī qún zhǐ zài fán zhí jì jié cái huì
踏足狮群，只在繁殖季节才会
zàn shí jiā rù shī qún suǒ yǐ bú xiàng tā men de fēi zhōu biǎo qīn nà yàng kě
暂时加入狮群，所以不像它们的非洲“表亲”那样可
yǐ yōu xián de zuò xiǎng qí chéng xióng shī xū yào zì jǐ bǔ liè zhè yě shì yà
以悠闲地坐享其成。雄狮需要自己捕猎，这也是亚
zhōu shī tǐ xíng jiào xiǎo zōng máo jiào shǎo de
洲狮体形较小、鬃毛较少的
yuán yīn zhī yī xióng shī huì zài zhàn dòu
原因之一。雄狮会在战斗
zhōng yǔ qí tā xióng shī jié chéng lián méng
中与其他雄狮结成联盟。

- 英文名：Asiatic Lion
- 家　族：哺乳动物
- 科　属：猫科
- 分布地：印度西部

▼ 亚洲狮幼崽的死亡率较高。

斑鬣狗

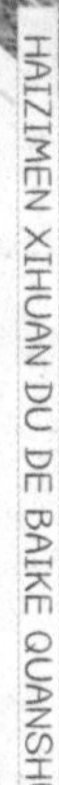

▲ 斑鬣狗身上的斑点会随年龄而消褪。

bān liè gǒu kě yǐ shuō shì fēi zhōu chú le shī zi yǐ wài zuì qiáng dà de ròu shí xìng dòng wù tā men bìng fēi zhǎng yǒu shī zi yì bān jiàn zhuàng de tǐ

斑鬣狗可以说是非洲除了狮子以外最强大的肉食性动物，它们并非长有狮子一般健壮的体

pò tā men de kǒng bù zhī chù zài yú xǐ huan jí tǐ huó dòng zài qún tǐ miàn qián rèn hé qiáng dà de gè tǐ dōu shì bù kān yì jī de

魄，它们的恐怖之处在于喜欢集体活动。在群体面前，任何强大的个体都是不堪一击的。

bān liè gǒu máo sè wéi tǔ huáng huò zōng huáng sè dài yǒu hè sè bān

斑鬣狗毛色为土黄或棕黄色，带有褐色斑

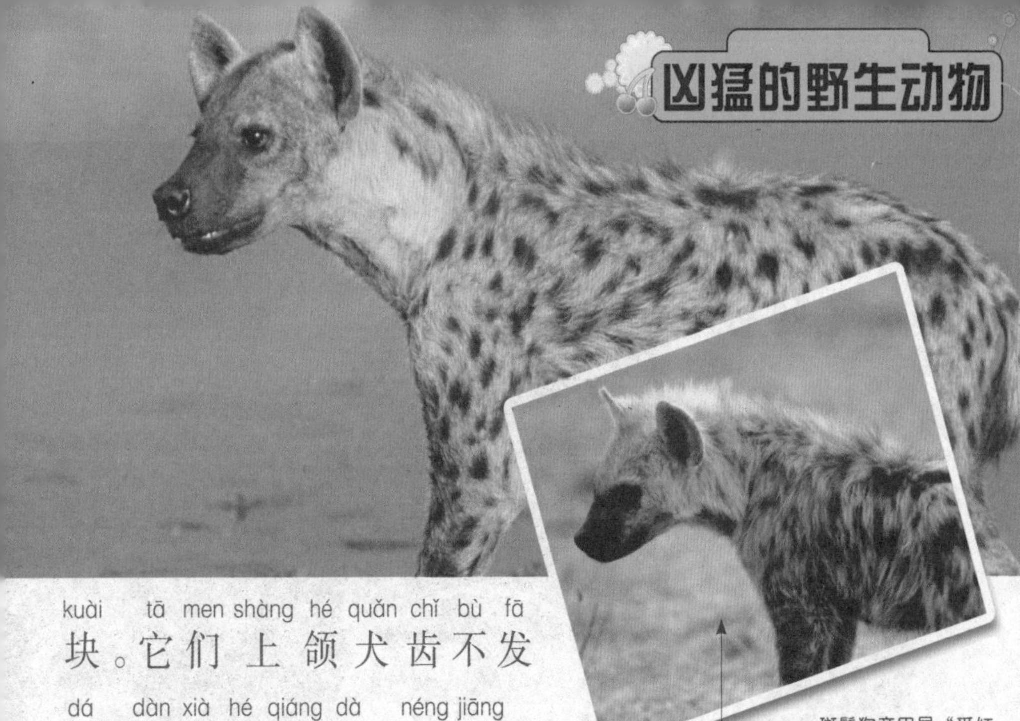

斑鬣狗意思是“番红花颜色的物体”。

kuài tā men shàng hé quǎn chǐ bù fā
块。它们上颌犬齿不发

dá dàn xià hé qiáng dà néng jiāng
达，但下颌强大，能将9

qiān kè zhòng de liè wù tuō zhuài mǐ tā men xǐ huan shēng huó zài shì
千克重的猎物拖拽100米。它们喜欢生活在视

yě kāi kuò de huán jìng zhōng bǐ rú zhǎng yǒu xiān rén zhǎng de shí lì huāng
野开阔的环境中，比如长有仙人掌的石砾荒

mò hé bàn huāng mò cǎo yuán dī ǎi de guàn mù cóng děng dì bān liè gǒu
漠和半荒漠草原、低矮的灌木丛等地。斑鬣狗

xǐ huan chéng qún huó dòng měi qún dà yuē yǒu zhī zuǒ yòu xióng xìng gè tǐ
喜欢成群活动，每群大约有80只左右，雄性个体

zài qún tǐ zhōng zhàn yōu shì dì wèi tā men
在群体中占优势地位。它们

xìng qíng xiōng měng kě yǐ jí tǐ bǔ shí bān
性情凶猛，可以集体捕食斑

mǎ jiǎo mǎ hé bān líng děng dà zhōng xíng
马、角马和斑羚等大中型

sù shí dòng wù
素食动物。

英文名：Spotted Hyena

家　族：哺乳动物

科　属：鬣狗科

分布地：撒哈拉沙漠以南地区

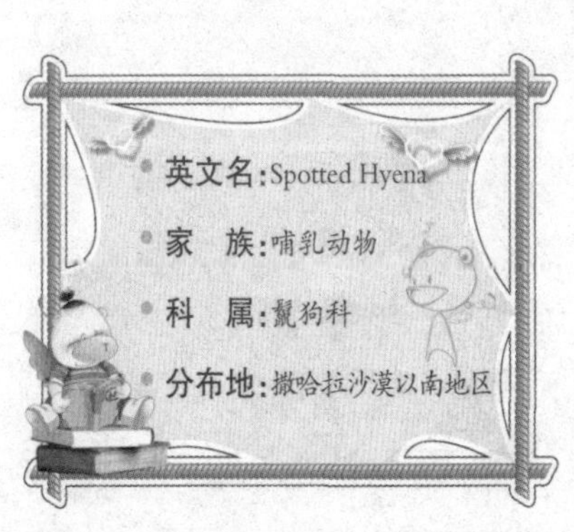

猎豹

猎豹是世界上奔跑速度最快的动物。

liè bào de bēn pǎo sù dù hěn kuài tā men chú le yǐ gāo sù zhuī jī de fāng
猎豹的奔跑速度很快。它们除了以高速追击的方

shì bǔ shí wài yě cǎi qǔ fú jī de fāng fǎ yǐn nì zài cǎo cóng huò guàn mù cóng
式捕食外，也采取伏击的方法，隐匿在草丛或灌木丛

zhōng dài liè wù jiē jìn shí tū rán cuān chū
中，待猎物接近时突然蹿出

liè qǔ
猎取。

liè bào bí zi liǎng biān gè yǒu yì tiáo
猎豹鼻子两边各有一条

míng xiǎn de hēi sè tiáo wén cóng yǎn jiǎo chù
明显的黑色条纹，从眼角处

- 英文名：Cheetah
- 家　族：哺乳动物
- 科　属：猫科
- 分布地：非洲和西亚

yì zhí yán shēn dào zuǐ biān rú tóng liǎng tiáo
一直延伸到嘴边，如同两条
lèi hén liè bào de zhuǎ zi yǒu xiē lèi sì gǒu
泪痕。猎豹的爪子有些类似狗
zhuǎ yīn wèi tā men bù néng xiàng qí tā māo
爪，因为它们不能像其他猫
kē dòng wù yí yàng bǎ zhuǎ zi wán quán shōu
科动物一样把爪子完全收
huí dào ròu diàn li ér shì zhǐ néng shōu huí yí
回到肉垫里，而是只能收回一
bàn liè bào de liè wù zhǔ yào shì zhōng xiǎo
半。猎豹的猎物主要是中小
xíng yǒu tí lèi dòng wù bāo kuò tāng mǔ sēn dèng líng hēi bān líng hé xiǎo jiǎo mǎ
型有蹄类动物，包括汤姆森瞪羚、黑斑羚和小角马
děng liè bào wú fǎ hé qí tā dà xíng liè shí dòng wù rú shī zi liè gǒu duì
等。猎豹无法和其他大型猎食动物如狮子、鬣狗对
kàng xīn kǔ bǔ lái de liè wù jīng cháng huì bèi qiǎng zǒu rú guǒ liè bào lián xù
抗，辛苦捕来的猎物经常会被抢走。如果猎豹连续
zhuī liè cì bù chéng gōng huò liè wù bèi
追猎5次不成功或猎物被
qiǎng zǒu jiù yǒu kě néng huì è sǐ
抢走，就有可能会饿死。

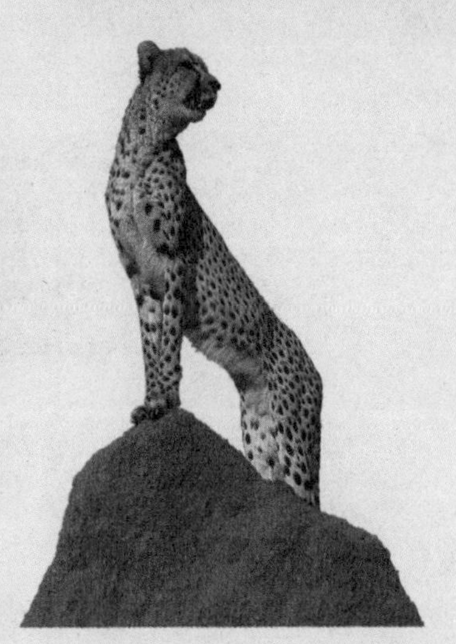

▲ 猎豹耐力不佳，无法长时间追逐猎物。

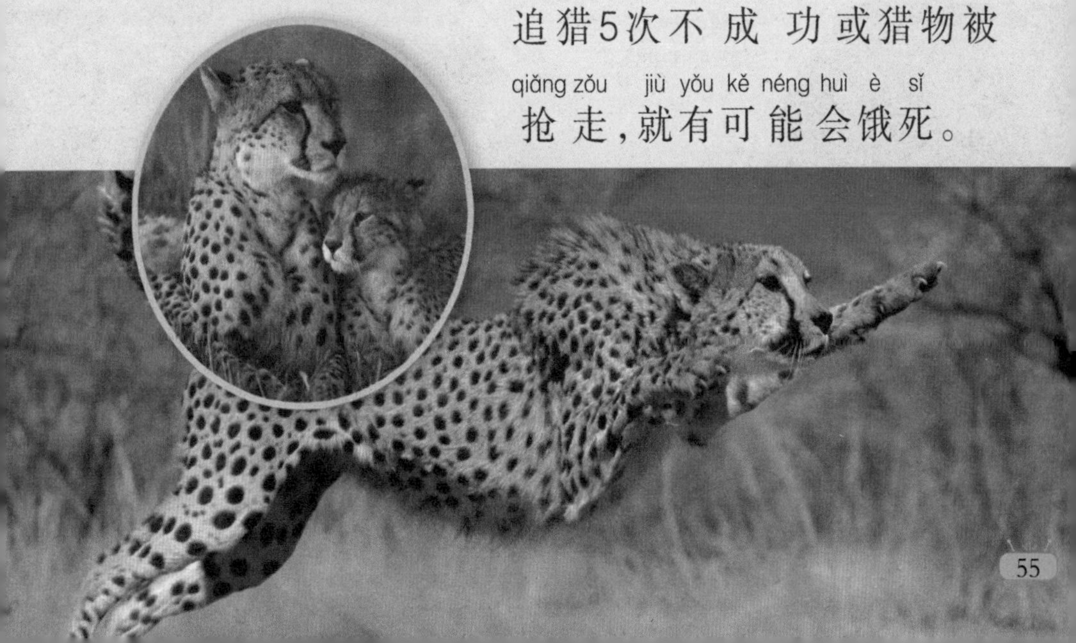

黑豹

hēi bào shì bīn lín jué zhǒng de yě shēng
黑豹是濒临绝种的野生
dòng wù tā men de tóu bǐ lǎo hǔ de xiǎo
动物，它们的头比老虎的小、
ěr duo yě bǐ jiào duǎn hēi bào tōng tǐ wū
耳朵也比较短。黑豹通体乌
hēi yǎn jing chéng lán sè hēi bào shēn tǐ de
黑，眼睛呈蓝色。黑豹身体的
hēi sè shì yóu yú jī yīn zǔ hé de chā yì suǒ
黑色是由于基因组合的差异所

黑豹不是生物学上一个科学分类概念，而是指某些豹的黑色变体。

黑豹短时间的爆发力惊人。

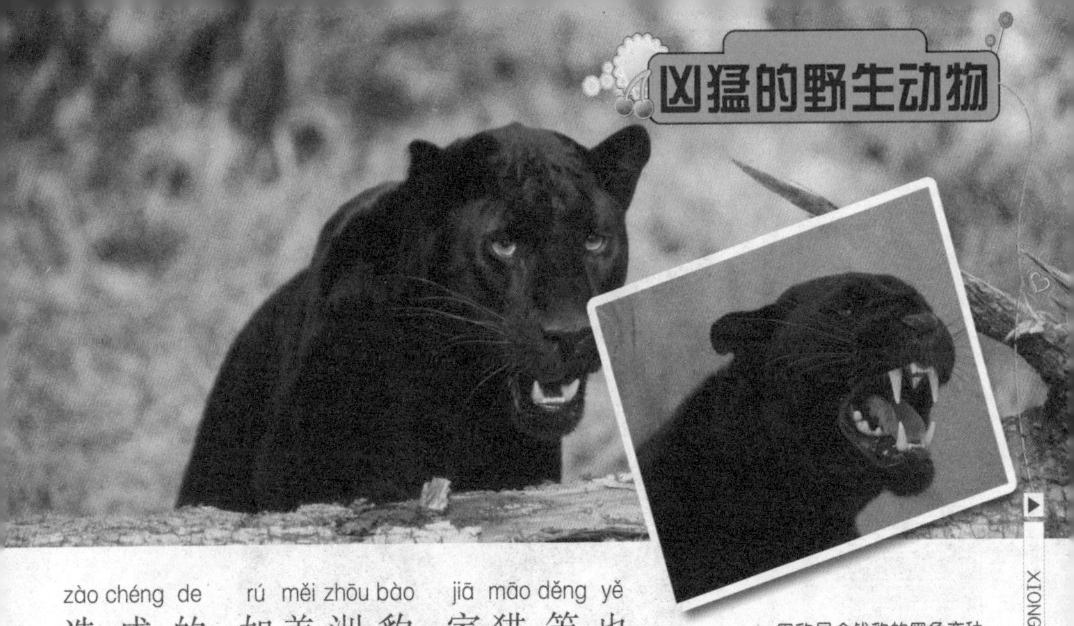

▲ 黑豹是金钱豹的黑色变种。

zào chéng de rú měi zhōu bào jiā māo děng yě
造成的，如美洲豹、家猫等也
huì chǎn shēng hēi sè gè tǐ rú guǒ kào jìn hēi bào rén men jiù huì fā xiàn
会产生黑色个体。如果靠近黑豹，人们就会发现，
qí shí hēi bào máo pí shang yě zhǎng yǒu bù róng yì bèi fā xiàn de bān diǎn
其实黑豹毛皮上也长有不容易被发现的斑点。

hēi bào duō qī xī zài sēn lín shān qū cǎo dì hé huāng mò dì dài tā
黑豹多栖息在森林、山区、草地和荒漠地带。它
men xìng qíng gū pì xǐ huan zài yè jiān chū lái huó dòng bǐ jiào shàn cháng pá
们性情孤僻，喜欢在夜间出来活动，比较擅长爬
shù yóu yǒng tā men bēn pǎo shí de sù dù kě yǐ dá dào qiān mǐ shí
树、游泳。它们奔跑时的速度可以达到60千米/时，
néng tiào mǐ yuǎn mǐ gāo hào chēng quán néng guàn jūn hēi bào de shì
能跳6米远、3米高，号称“全能冠军”。黑豹的视
jué tīng jué hé xiù jué dōu jí wéi líng mǐn
觉、听觉和嗅觉都极为灵敏，
tā men zhǔ yào yǐ gè zhǒng zhōng xiǎo xíng
它们主要以各种中小型
dòng wù wéi shí
动物为食。

- 英文名：Black Leopard
- 家　族：哺乳动物
- 科　属：猫科
- 原产地：森林、山区、草地和荒漠

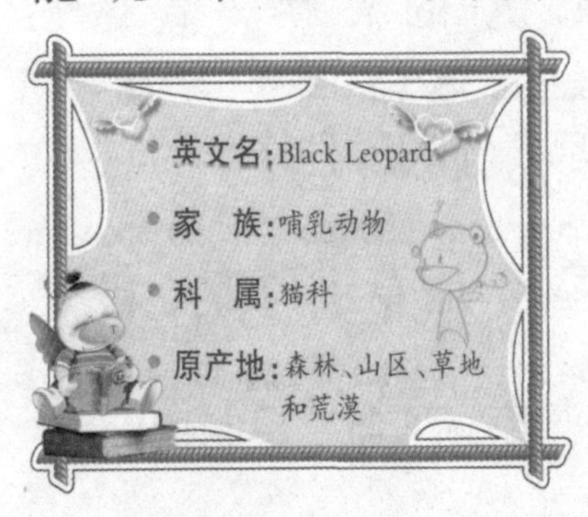

草原狼

草原狼生命力强。

cǎo yuán láng shì yì zhǒng xiǎo xíng láng tā men zhǔ yào shēng huó zài zhōng yà de shā mò hé cǎo yuán shang qí máo duǎn máo sè wéi àn huī sè hé zhě shí sè qiān bǎi nián lái cǎo yuán láng wèi wéi hù cǎo yuán de shēng tài píng héng zuò chū le bù kě mó miè de gòng xiàn cǎo yuán shang de mín zú yì zhí rèn wéi láng shì cǎo yuán de bǎo hù shén

草原狼是一种小型狼，它们主要生活在中亚的沙漠和草原上。其毛短，毛色为暗灰色和赭石色。千百年来，草原狼为维护草原的生态平衡做出了不可磨灭的贡献。草原上的民族一直认为狼是草原的保护神。

cǎo yuán láng shì cǎo yuán sì dà shòu hài cǎo yuán shǔ yě tù hàn tǎ hé huáng

草原狼是草原四大兽害——草原鼠、野兔、旱獭和黄

▲ 草原狼奔跑速度快，但持久性差。

- 英文名：Steppe Wolf
- 家　族：哺乳动物
- 科　属：犬科
- 分布地：中亚的沙漠和草原

yáng de zuì dà tiān dí shì shí zhèng míng láng
羊的最大天敌。事实证明，狼
shì cǎo yuán shēng tài de tiān rán tiáo jié qì nèi
是草原生态的天然调节器，内
méng gǔ cǎo yuán yīn wèi cǎo yuán láng de cún zài
蒙古草原因为草原狼的存在
cái néng zài guò qù de jǐ qiān nián yì zhí bǎo
才能在过去的几千年一直保
chí yuán mào cǎo yuán láng jù yǒu qiáng hàn jìn
持原貌。草原狼具有强悍进
qǔ tuán duì xié zuò wán qiáng zhàn dòu hé gǎn
取、团队协作、顽强战斗和敢
yú xī shēng de
于牺牲的
jīng shén zhè
精神，这
xiē shēn shēn de yǐng xiǎng le cǎo yuán mín zú
些深深地影响了草原民族
de jīng shén pǐn gé
的精神品格。

▲ 草原狼可以通过气味、叫声沟通。

非洲野犬

非洲野犬也叫杂色狼。

fēi zhōu yě quǎn de máo sè qí tè ér huá lì hé bān mǎ yí yàng měi
非洲野犬的毛色奇特而华丽，和斑马一样，每
yì zhī fēi zhōu yě quǎn de bān wén dōu shì dú yī wú èr de méi yǒu liǎng zhī
一只非洲野犬的斑纹都是独一无二的，没有两只
fēi zhōu yě quǎn de bān wén shì wán quán xiāng tóng de yīn cǐ kě yǐ hěn róng
非洲野犬的斑纹是完全相同的，因此可以很容
yì de tōng guò bān wén lái biàn bié tā men
易地通过斑纹来辨别它们。

fēi zhōu yě quǎn huó yuè yú cǎo yuán
非洲野犬活跃于草原、
xī shù cǎo yuán hé kāi kuò de gān zào guàn mù
稀树草原和开阔的干燥灌木

英文名：African Wild Dog
家　族：哺乳动物
科　属：犬科
分布地：非洲的干燥草原和半荒漠地带

cóng zhōng shèn zhì sā hā lā shā mò nán
从中，甚至撒哈拉沙漠南
bù yì xiē duō shān de dì dài yě yǒu tā men
部一些多山的地带也有它们
de zú jì guò qù tā men shù liàng hěn duō
的足迹。过去它们数量很多
de shí hou měi gè qún luò dà yuē yǒu
的时候，每个群落大约有40
míng chéng yuán rén lèi céng jīng jì lù guo
名成员。人类曾经记录过
de zuì dà qún luò yǒu míng chéng yuán
的最大群落有100名成员。

fēi zhōu yě quǎn de shè huì jié gòu hé xíng
非洲野犬的社会结构和行
wéi mó shì fēi cháng dú tè tā men shàn
为模式非常独特，它们善
yú xié zuò huì zhào gù shēng bìng huò shòu
于协作，会照顾生病或受
shāng de tóng bàn shèn zhì xiàng duì dài
伤的同伴——甚至像对待
yòu zǎi yí yàng jiàn kāng de chéng yuán huì
幼崽一样。健康的成员会
gěi nà xiē bìng ruò zhě wèi fǎn chú bàn xiāo huà
给那些病弱者喂反刍半消化
de shí wù zhào gù hái zi de bǎo mǔ
的食物，照顾孩子的“保姆”
yě huì shòu dào tóng yàng dài yù
也会受到同样待遇。

非洲野犬是唯一前肢没有上爪的犬科动物。

非洲野犬。

非洲野犬的耳朵又大又圆，非常显眼。

黑犀牛

黑犀牛前面的角最长可达 1.2 米。

hēi xī niú yòu jiào jiān wěn xī hēi xī niú de tǐ sè qí shí shì huī sè de
黑犀牛又叫尖吻犀。黑犀牛的体色其实是灰色的，
yóu yú tā men jīng cháng zài ní tǔ zhōng dǎ gǔn suǒ yǐ kàn qǐ lái xiàng hēi sè hēi
由于它们经常在泥土中打滚，所以看起来像黑色。黑
xī niú pí hòu wú máo cháng yòng xī ní bǎo
犀牛皮厚无毛，常用稀泥保
hù shēn tǐ yǐ fáng kūn chóng dīng yǎo zhè yě
护身体以防昆虫叮咬，这也
shì hēi xī niú zài ní tǔ zhōng dǎ gǔn de yí gè
是黑犀牛在泥土中打滚的一个
yuán yīn lìng yí gè yuán yīn shì hēi xī niú bù
原因，另一个原因是黑犀牛不

néng chū hán xū yào yī kào zhè zhǒng fāng fǎ lái bǎo
能出汗，需要依靠这种方法来保
chí shēn tǐ liáng shuǎng
持身体凉爽。

hēi xī niú duì shuǐ de yī lài xìng hěn qiáng
黑犀牛对水的依赖性很强，
yīn cǐ shuǐ yuán shì yǐng xiǎng hēi xī niú fēn bù de
因此水源是影响黑犀牛分布的
zhǔ yào zì rán yīn sù zhī yī yòu xī niú cháng
主要自然因素之一。幼犀牛常
cháng gēn suí mǔ xī niú yì qǐ huó dòng zhí dào mǔ xī niú zài cì chǎn zǎi shí cái
常跟随母犀牛一起活动，直到母犀牛再次产崽时才
huì lí kāi hēi xī niú zhǔ yào chī mù běn zhí wù de nèn zhī yè tè bié xǐ huan
会离开。黑犀牛主要吃木本植物的嫩枝叶，特别喜欢
cǎi shí jīn hé huān yě chī yě guǒ qīng cǎo hēi xī niú xìng qíng gū pì hěn
采食金合欢，也吃野果、青草。黑犀牛性情孤僻，很
shǎo qún jū yě méi yǒu lǐng yù yì shí lìng wài hēi xī niú pí qì fēi cháng bào
少群居，也没有领域意识。另外，黑犀牛脾气非常暴
zào nán yǐ yù liào yǒu shí hái huì mò míng
躁，难以预料，有时还会莫名
de gōng jī chē liàng rén hé yíng huǒ
地攻击车辆、人和营火。

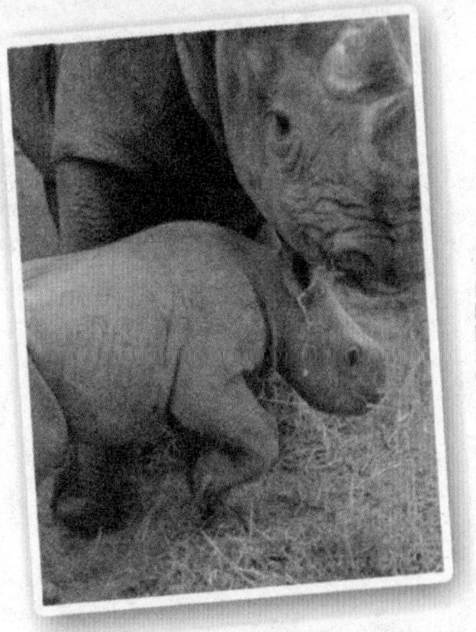

▲ 黑犀牛听觉和嗅觉灵敏，但视力差。

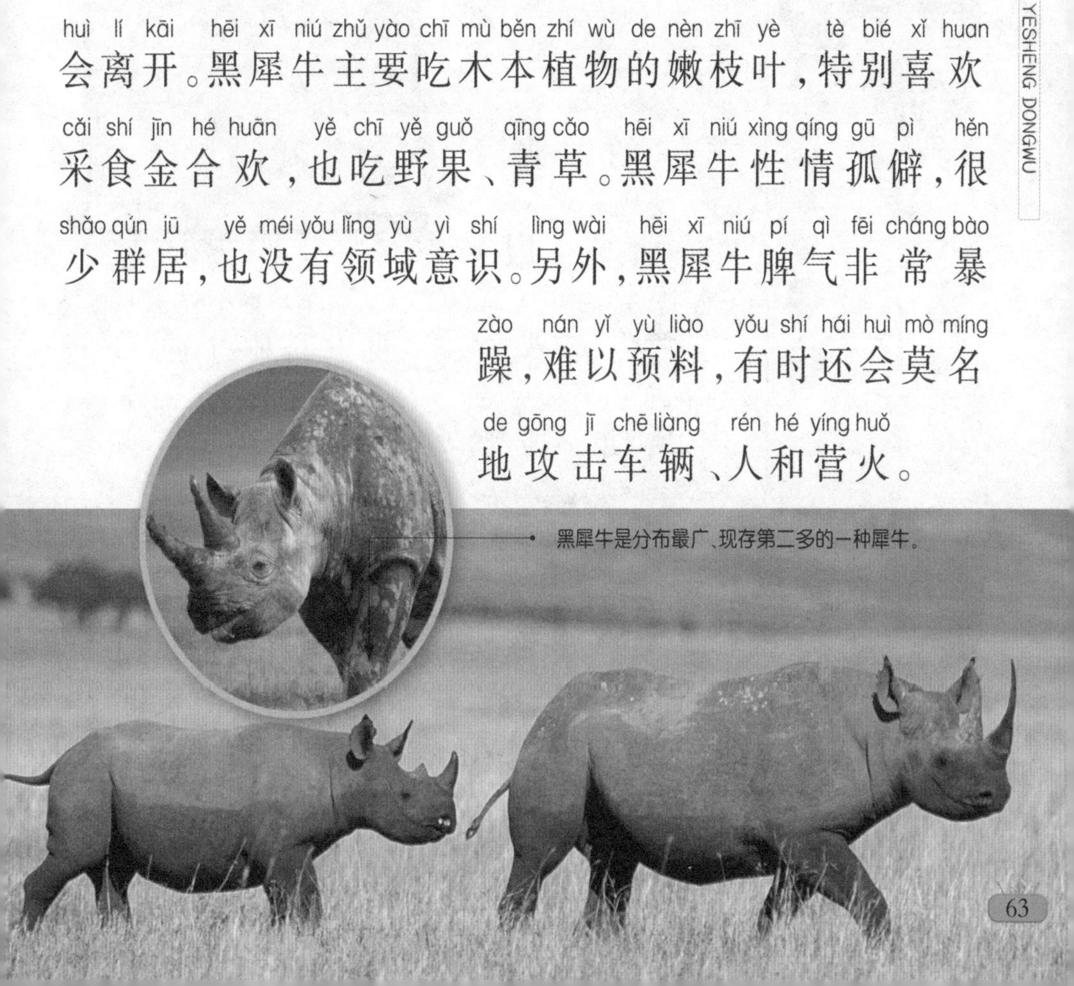

黑犀牛是分布最广、现存第二多的一种犀牛。

蝰蛇

kuí shé shì yì zhǒng yǒu dú shé lèi yǐ xiǎo niǎo xī yì qīng wā děng wéi shí
蝰蛇是一种有毒蛇类，以小鸟、蜥蜴、青蛙等为食。

kuí shé xíng dòng chí huǎn duō wéi lù qī cǐ wài yě yǒu yì xiē shù qī kuí shé zhè lèi shé shēn tǐ xì cháng wěi ba néng chán zhù shù zhī zhǔ yào zài shù shang shēng huó ér xué kuí shǔ zé wéi dòng qī zhè lèi shé de yǎn jing xì xiǎo kuí shé yì bān cǎi yòng tū xí fāng shì liè shí bǔ liè shí qū gàn qián bù xiān xiàng hòu qū měng rán lí dì zài xiàng qián chōng bìng yǎo zhù liè wù yòng zhōng kōng de yá chǐ jiāng dú yè zhù rù liè wù tǐ nèi děng liè wù sǐ wáng hòu jiāng qí tūn shí xià qù kuí shé de dú yè dú xìng qiáng tā men shì fēi cháng wēi xiǎn de dòng wù
蝰蛇行动迟缓，多为陆栖。此外，也有一些树栖蝰蛇，这类蛇身体细长，尾巴能缠住树枝，主要在树上生活；而穴蝰属则为洞栖，这类蛇的眼睛细小。蝰蛇一般采用突袭方式猎食，捕猎时躯干前部先向后曲，猛然离地再向前冲并咬住猎物，用中空的牙齿将毒液注入猎物体内，等猎物死亡后将其吞食下去。蝰蛇的毒液毒性强，它们是非常危险的动物。

其他陆地凶猛动物

QITA LUDI XIONGMENG DONGWU

北极熊

zài běi jí běi jí xióng shì chú qù rén
在北极，北极熊是除去人
lèi wài de jué duì bà zhǔ zài bǔ shí bái jīng
类外的绝对霸主。在捕食白鲸
shí běi jí xióng yóu bīng shang xiàng shuǐ zhōng pū
时，北极熊由冰上向水中扑
qù shí kě yǐ zhòng chuàng bái jīng běi jí xióng
去时可以重创白鲸。北极熊
bǔ shí hǎi bào de fāng fǎ hěn qiǎo
捕食海豹的方法很巧
miào tā men huì xún zhǎo hǎi bào zài
妙，它们会寻找海豹在
bīng miàn shang de hū xī kǒng rán
冰面上的呼吸孔，然
hòu kāi shǐ nài xīn děng dài zhǐ yào
后开始耐心等待。只要
yǒu hǎi bào chū lái hū xī tā men
有海豹出来呼吸，它们
jiù huì fā dòng tū rán xí jī bìng
就会发动突然袭击，并
yòng jiān lì de zhuǎ gōu jiāng hǎi bào
用尖利的爪钩将海豹

北极熊的嗅觉是犬类的7倍。

cóng hū xī kǒng zhōng tuō shàng lái lìng wài yì zhǒng fāng
从呼吸孔中拖上来；另外一种方

shì jiù shì qián rù bīng miàn xià zhí dào kào jìn àn shang
式就是潜入冰面下，直到靠近岸上

de hǎi bào shí zài fā qǐ jìn gōng
的海豹时再发起进攻。

běi jí xióng zài dōng jì huì jìn xíng cháng shí jiān de
北极熊在冬季会进行长时间的

xiū mián dàn bìng bú shì zhēn zhèng yì yì shang de dōng mián dāng jìn rù xiū mián
休眠，但并不是真正意义上的冬眠。当进入休眠

zhuàng tài de shí hou tā men zhǔ yào kào chǔ cún zài shēn tǐ li de zhī fáng wéi chí
状态的时候，它们主要靠储存在身体里的脂肪维持

shēng mìng ér zài shí wù kuì fá de jì jié zhè xiē zhī fáng shì tā men shēng cún de
生命。而在食物匮乏的季节，这些脂肪是它们生存的

guān jiàn
关键。

- 英文名：Polar Bear
- 家　族：哺乳动物
- 科　属：熊科
- 分布地：北极

依靠在一起的北极熊。

▲ 北极熊的游泳速度可达 60 千米／时。

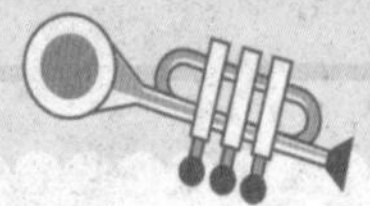

雪豹

xuě bào yīn zhōng nián shēng huó zài xuě xiàn fù jìn
雪豹因终年生活在雪线附近
ér dé míng yòu míng cǎo bào ài yè bào qí tóu xiǎo
而得名，又名草豹、艾叶豹。其头小
ěr yuán wěi cū cháng wěi máo cháng ér róu zhōu shēn
耳圆，尾粗长，尾毛长而柔，周身
zhǎng zhe xì ruǎn hòu mì de bái máo shàng miàn fēn bù
长着细软厚密的白毛，上面分布
zhe xǔ duō bù guī zé de hēi sè yuán huán xuě bào wài
着许多不规则的黑色圆环。雪豹外
xíng sì hǔ wěi ba shèn zhì bǐ shēn zi hái cháng
形似虎，尾巴甚至比身子还长。

xuě bào yǒng měng yì cháng shàn yú zài shān yán
雪豹勇猛异常，善于在山岩
shang tiào yuè tā men bǎ shēn tǐ quán suō qǐ lái yǐn
上跳跃。它们把身体蜷缩起来隐
cáng zài yán shí zhī jiān dāng liè wù jīng guò shí huì tū
藏在岩石之间，当猎物经过时，会突
rán yuè qǐ xí jī zài dōng tiān xún bu dào shí wù shí
然跃起袭击。在冬天寻不到食物时，
tā men huì pǎo dào dī hǎi bá dì qū tōu shí rén lèi de
它们会跑到低海拔地区偷食人类的
jiā chù hé jiā qín
家畜和家禽。

xuě bào de shí wù zhǔ yào yǐ běi
雪豹的食物主要以北
shān yáng yán yáng pán yáng děng gāo yuán
山羊、岩羊、盘羊等高原

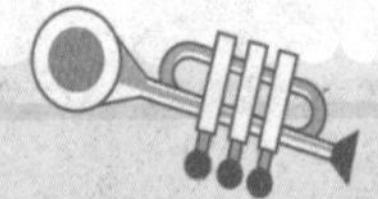

dòng wù wéi zhǔ yǒu shí yě liè shí yì xiē xiǎo
动物为主，有时也猎食一些小

xíng bǔ rǔ dòng wù rú hàn tǎ shǔ lèi
型哺乳动物，如旱獭、鼠类，

yě bǔ shí xuě jī mǎ jī hé hóng zhì děng
也捕食雪鸡、马鸡和虹雉等

niǎo lèi xuě bào bǔ shí yán yáng cháng cǎi yòng
鸟类。雪豹捕食岩羊常采用

tū rán xí jī de fāng shì yǎo zhù yán yáng
突然袭击的方式，咬住岩羊

de hóu bù shǐ zhī sǐ wáng
的喉部使之死亡。

▲ 雪豹有厚厚的毛，故耐寒。

雪豹的活动路线固定。

- **英文名**：Snow Leopard
- **家　族**：哺乳动物
- **科　属**：猫科
- **分布地**：中国、蒙古国、阿富汗、印度北部、尼泊尔、巴基斯坦等地

◀ 雪豹靠粗大的尾巴掌握方向。

北极狼

▲ 北极狼擅长长途跋涉。

běi jí láng de máo sè xuě bái jí yì yǔ běi jí de huán jìng róng wéi yì tǐ běi jí láng shì yì zhǒng qún jū xìng dòng wù tōng cháng shì zhī jù jí

北极狼的毛色雪白，极易与北极的环境融为一体。北极狼是一种群居性动物，通常是20~30只聚集

zài yì qǐ xíng chéng xiǎo qún tǐ yóu yì zhī yōu shì xióng láng hé yì zhī yōu shì cí láng gòng tóng lǐng dǎo yōu shì xióng láng shì láng qún de lǐng dǎo zhōng xīn jí shǒu wèi lǐng dì de zhǔ yào lì liàng yōu shì cí láng duì suǒ yǒu de cí láng jí dà duō shù xióng

在一起形成小群体，由一只优势雄狼和一只优势雌狼共同领导。优势雄狼是狼群的领导中心及守卫领地的主要力量，优势雌狼对所有的雌狼及大多数雄

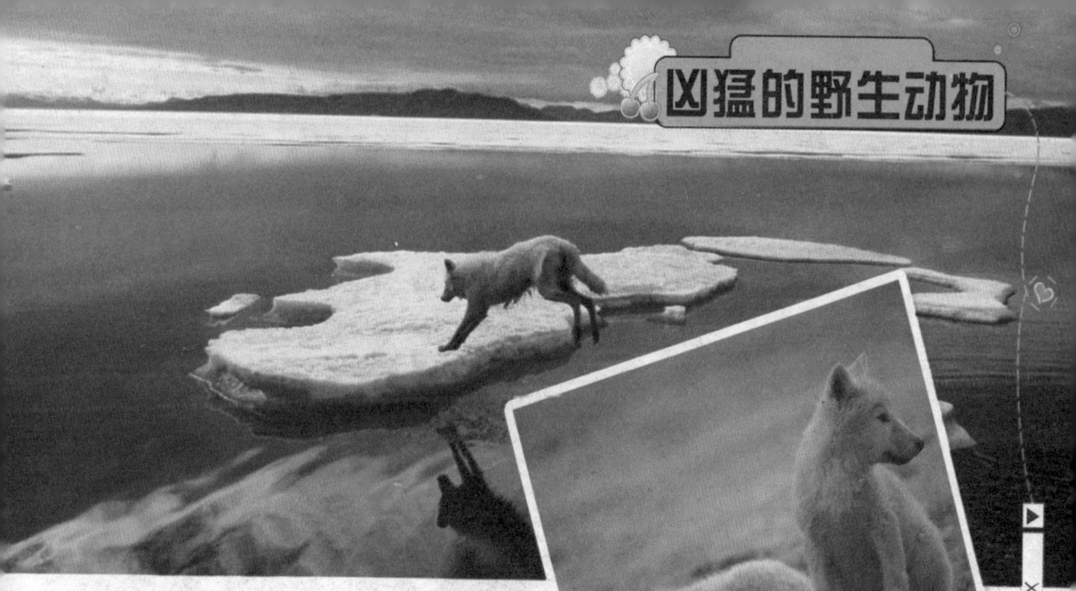

北极狼群体中等级分明。

láng jù yǒu quán wēi xìng lǐng dǎo néng gòu
狼具有权威性领导，能够
zhǐ huī láng qún zhōng suǒ yǒu de cí láng
指挥狼群中所有的雌狼。

běi jí láng de tǐ biǎo yǒu yì céng hòu hòu de máo néng bāng zhù qí dǐ yù
北极狼的体表有一层厚厚的毛，能帮助其抵御
yán hán tā men de yá chǐ jiān ruì fēng lì shì bǔ zhuō liè wù de zhòng yào wǔ
严寒；它们的牙齿尖锐锋利，是捕捉猎物的重要武
qì běi jí láng hái xǐ huan bǔ shí tuó lù yú lèi lǚ shǔ hǎi xiàng hé tù zi
器。北极狼还喜欢捕食驼鹿、鱼类、旅鼠、海象和兔子
děng dòng wù yǒu shí tā men yě gōng jī rén lèi hé qí tā dòng wù suǒ yǐ běi jí
等动物，有时它们也攻击人类和其他动物，所以北极
láng shì yì zhǒng bǐ jiào wēi xiǎn de dòng wù
狼是一种比较危险的动物。

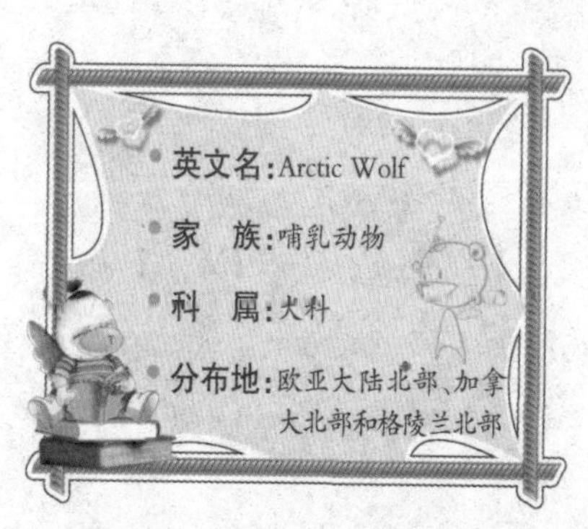

yì zhī běi jí láng píng jūn měi tiān néng chī diào
一只北极狼平均每天能吃掉
qiān kè de ròu you shí tā men yě huì chī
10千克的肉，有时它们也会吃
fǔ ròu
腐肉。

- 英文名：Arctic Wolf
- 家　族：哺乳动物
- 科　属：犬科
- 分布地：欧亚大陆北部、加拿大北部和格陵兰北部

北极狐

北极狐世代生活在北极冰原，除人类外没有天敌。

běi jí hú yě jiào lán hú bái hú děng bèi rén
北极狐也叫蓝狐、白狐等，被人
men yù wéi xuě dì jīng líng qí pí máo jí qí zhēn
们誉为“雪地精灵”，其皮毛极其珍
guì jīng guò rén gōng sì yǎng de běi jí hú hái huì chū
贵。经过人工饲养的北极狐还会出
xiàn xǔ duō máo sè tū biàn pǐn zhǒng rú yǐng hú běi jí
现许多毛色突变品种，如影狐、北极
lán bǎo shí hú běi jí bái jīn hú děng tǒng chēng wéi cǎi
蓝宝石狐、北极白金狐等，统称为彩
sè běi jí hú
色北极狐。

北极狐有导航本领。

běi jí hú zhǔ yào yǐ lǚ shǔ
北极狐主要以旅鼠、
yú niǎo lèi yǔ niǎo dàn jiāng guǒ hé
鱼、鸟类与鸟蛋、浆果和

▲ 北极狐冬季有储藏食物的习惯。

běi jí tù děng wéi shí yǒu shí yě huì màn yóu
北极兔等为食，有时也会漫游
zài hǎi àn fù jìn bǔ zhuō bèi lèi dòng wù dāng
在海岸附近捕捉贝类动物。当
běi jí hú wén dào lǚ shǔ wō sàn fā chū de qì
北极狐闻到旅鼠窝散发出的气
wèi huò tīng dào lǚ shǔ wō li lǚ shǔ de jiān jiào
味或听到旅鼠窝里旅鼠的尖叫
shēng shí tā huì xùn sù de wā jué wèi yú xuě
声时，它会迅速地挖掘位于雪
céng xià miàn de lǚ shǔ wō wā jué dào yí dìng chéng dù shí běi jí hú biàn huì
层下面的旅鼠窝。挖掘到一定程度时，北极狐便会
gāo gāo tiào qǐ jiè zhe tiào yuè de lì liàng jiāng lǚ shǔ wō yā tā rán hòu jiāng
高高跳起，借着跳跃的力量将旅鼠窝压塌，然后将
wō li de lǚ shǔ yì wǎng dǎ jìn běi jí
窝里的旅鼠一网打尽。北极
hú zài jí dù jī è de qíng kuàng xià huì
狐在极度饥饿的情况下会
chū xiàn tóng lèi xiāng shí de xiàn xiàng
出现同类相食的现象。

- 英文名：Arctic Fox
- 家　族：哺乳动物
- 科　属：犬科
- 分布地：欧洲北部、北美洲、格陵兰和冰岛

藏獒

藏獒性格刚毅，力大无比。

zàng áo yuán chǎn yú wǒ guó xī zàng yòu míng
藏獒原产于我国西藏，又名

duō qǐ dà gǒu gǔ shí chēng qí wéi cāng ní
多启、大狗，古时称其为“苍猊

quǎn tā men de tóu dà ér fāng yǎn jing wéi hēi
犬”。它们的头大而方，眼睛为黑

huáng sè tǐ xíng jù dà yǒu zhe líng mǐn de tīng jué hé jué jiā de shì jué
黄色，体形巨大，有着灵敏的听觉和绝佳的视觉。

zàng áo de tǐ máo cháng ér mì máo sè yǐ hēi sè jū duō qí cì yī cì
藏獒的体毛长而密，毛色以黑色居多，其次依次

为黄色、白色、青色和灰色。四肢健壮使藏獒奔跑迅速，无论是搏斗还是助攻，都会令敌人防不胜防。

▲ 藏獒耐寒冷，能在冰雪中安然入睡。

一般而言，藏獒对家园有着强烈的保护本能。它们不仅具有王者的霸气，还有着对主人极其忠诚的天性。在西藏，藏獒被誉为“天狗”，而西方人在见识了藏獒后，则称其为“东方神犬”。

非洲水牛

非洲水牛的天敌很多。

fēi zhōu shuǐ niú shì fēi zhōu cǎo yuán shang zuì chéng gōng de sù shí dòng
非洲水牛是非洲草原上最成功的素食动
wù tā men jì kě yǐ jū zhù zài gāo hǎi bá shān mài dì qū bèi zhí wù mì jí fù
物。它们既可以居住在高海拔山脉地区被植物密集覆
gài de dì fang yě kě yǐ zài kāi fàng de lín dì hé cǎo dì shang shēng huó
盖的地方，也可以在开放的林地和草地上生活。

fēi zhōu shuǐ niú yě shì fēi zhōu cǎo yuán shang zuì kě pà de dòng wù zhī
非洲水牛也是非洲草原上最可怕的动物之
yī yīn wèi tā men jí tǐ zuò zhàn chéng bǎi shàng qiān tóu shuǐ niú zài yì tóu
一。因为它们集体作战，成百上千头水牛在一头
shuǐ niú de dài lǐng xià zǔ chéng jù dà fāng zhèn chōng xiàng rù qīn zhě fāng zhèn
水牛的带领下组成巨大方阵冲向入侵者，方阵

集体觅食的非洲水牛。

的行进速度高达60千米/时。任何胆敢阻挡它们的动物都会被踏成肉泥，即使是狮子，在这种情况下也会给它们让路。在非洲草原上，每年都会发生非洲水牛伤人的事件，而且受伤的人数每年都在增长，可以说死于非洲水牛蹄下的人数比其他任何动物杀死的人数都要多。

- 英文名：African Buffalo
- 家　族：哺乳动物
- 科　属：牛科
- 分布地：非洲草原

湾鳄

wān è yòu jiào ào dà lì yà xián shuǐ è hé kǒu è huò xīn jiā pō xiǎo
湾鳄又叫澳大利亚咸水鳄、河口鳄或新加坡小
è yóu yú tā men shì wéi yī jǐng bèi shang méi yǒu dà lín piàn de è yú
鳄，由于它们是唯一颈背上没有大鳞片的鳄鱼，
suǒ yǐ rén men yòu chēng wān è wéi luǒ jǐng è
所以人们又称湾鳄为“裸颈鳄”。

wān è de shēn qū jiào cháng yì bān wéi mǐ
湾鳄的身躯较长，一般为5~6米，
zuì cháng jì lù wéi mǐ tā men shì zhǒng è
最长记录为10米。它们是23种鳄

湾鳄有食人记录。

湾鳄具有领地意识。

▲ 湾鳄对海水的耐受性较强。

yú zhōng tǐ xíng zuì dà de yì zhǒng wān
鱼中体形最大的一种。湾
è xǐ huan qī xī zài hǎi wān huò kào jìn hé
鳄喜欢栖息在海湾或靠近河
liú rù hǎi kǒu de dì fang tā men zhǔ yào
流入海口的地方，它们主要
yǐ dà xíng yú lèi ní xiè hǎi guī jù xī qín niǎo wéi shí yě bǔ shí
以大型鱼类、泥蟹、海龟、巨蜥、禽鸟为食，也捕食
yě lù yě niú yě zhū
野鹿、野牛、野猪。

wān è yá chǐ de yǎo hé lì hěn qiáng kě yǐ qīng yì de fěn suì hǎi guī
湾鳄牙齿的咬合力很强，可以轻易地粉碎海龟
de yìng jiǎ huò yě niú de gǔ tou wān è shēn pī jiān yìng de kuī jiǎ yōng yǒu
的硬甲或野牛的骨头。湾鳄身披坚硬的盔甲，拥有
fēng lì de wǔ qì bìng píng jiè kǒng
锋利的“武器”，并凭借恐
bù de sǐ wáng xuán zhuǎn róng dēng hǎi
怖的“死亡旋转”荣登海
wān dì qū zuì wēi xiǎn dòng wù de bǎo zuò
湾地区最危险动物的宝座。

英文名：Estuarine Crocodile
家　族：爬行动物
科　属：鳄科
分布地：东南亚至澳大利亚北部

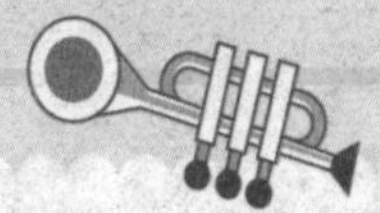

虎蛇

hǔ shé shì shēng huó zài ào dà lì yà yà rè dài
虎蛇是生活在澳大利亚亚热带
dì qū de yì zhǒng tǐ xíng jiào dà de dú shé tóu bù
地区的一种体形较大的毒蛇。头部
kuān dà shēn tǐ chéng qiǎn àn jú huáng sè huò chá
宽大，身体呈浅暗橘黄色或茶
sè bìng bàn yǒu huáng lǜ sè huī sè huò jú hè sè
色，并伴有黄绿色、灰色或橘褐色
gū huán yì bān ér yán hǔ shé méi yǒu qiáng liè de
箍环。一般而言，虎蛇没有强烈的
qīn lüè xìng yù dào wēi xié shí huì xiān xuǎn zé táo
侵略性，遇到威胁时会先选择逃
zǒu tǎng ruò wú fǎ táo zǒu tā men huì huǎn huǎn de
走。倘若无法逃走，它们会缓缓地
yā píng shēn zi zhǔn bèi chū jī yǒu shí hái huì fā
压平身子，准备出击，有时还会发
chū sī sī shēng dòng hè dí rén
出“嘶嘶”声恫吓敌人。

hǔ shé néng fēn mì chū dú yè qí dú xìng néng
虎蛇能分泌出毒液，其毒性能
jī shēn shì jiè dú xìng zuì měng liè de shé dú zhī liè
跻身世界毒性最猛烈的蛇毒之列。
dāng rén bèi hǔ shé yǎo hòu chú le
当人被虎蛇咬后，除了
shāng kǒu jù tòng zhī wài cóng shāng kǒu
伤口剧痛之外，从伤口
fù jìn yán shēn zhì quán shēn de dú sù
附近延伸至全身的毒素
gèng huì lìng qí jǐng bù jí zú bù chū
更会令其颈部及足部出

◀虎蛇能忍受低温。

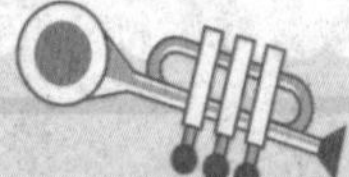

xiàn tòng gǎn shēn tǐ má bì chū hàn suí jí
现痛感，身体麻痹、出汗，随即
kāi shǐ hū xī kùn nan shèn zhì jú bù zhī tǐ tān
开始呼吸困难，甚至局部肢体瘫
huàn jí shǐ yōng yǒu yǒu xiào de kàng shé dú xuè
痪。即使拥有有效的抗蛇毒血
qīng dàn rú guǒ bù jí shí jìn xíng zhì liáo zhì
清，但如果不及时进行治疗，致
mìng lǜ réng kě dá
命率仍可达45%。

▲ 虎蛇以鼠为主食。

部分虎蛇的体色会季节性的有所改变。

- 英文名：Tiger Snake
- 家　族：爬行动物
- 科　属：眼镜蛇科
- 分布地：澳大利亚东南部和西南部

◀ 虎蛇的毒液含凝血剂和神经麻痹剂，会使人毙命。

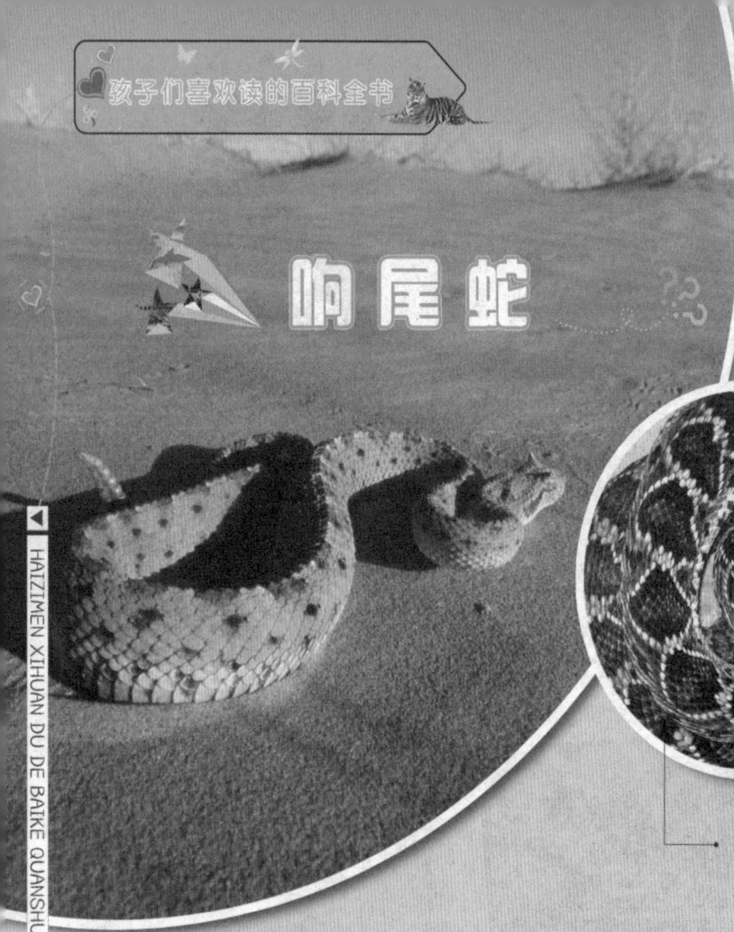

响尾蛇

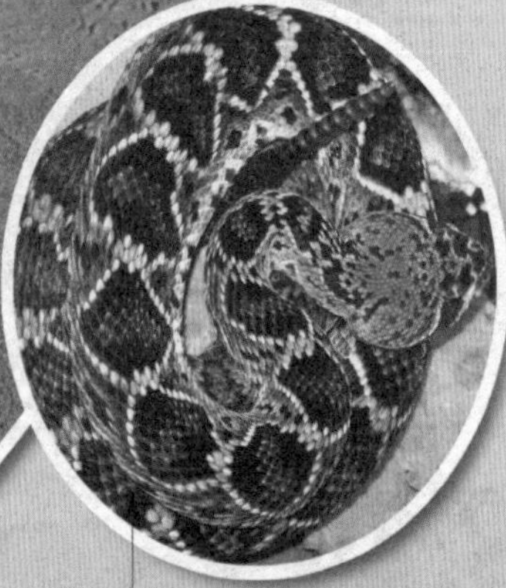

响尾蛇有灵敏的热能感受器。

xiǎng wěi shé shì yì zhǒng guǎn yá lèi dú shé shé dú shì xuè xún dú
响尾蛇是一种管牙类毒蛇，蛇毒是血循毒。
tā men shēn shang bù mǎn líng xíng hēi hè bān wěi bù yǒu jiǎo zhì huán dāng yù
它们身上布满菱形黑褐斑，尾部有角质环。当遇
dí shí tā men huì bǎi dòng néng gòu fā shēng de jiǎo zhì huán shǐ dí rén bù
敌时，它们会摆动能够发声的角质环，使敌人不
gǎn kào qián huò táo pǎo gù chēng wéi xiǎng
敢靠前或逃跑，故称为响
wěi shé tā men yǐ niè chǐ dòng wù xī yì
尾蛇。它们以啮齿动物、蜥蜴
huò qí tā shé lèi wéi shí
或其他蛇类为食。

- 英文名：Rattlesnake
- 家　族：爬行动物
- 科　属：蝰蛇科
- 分布地：南、北美洲

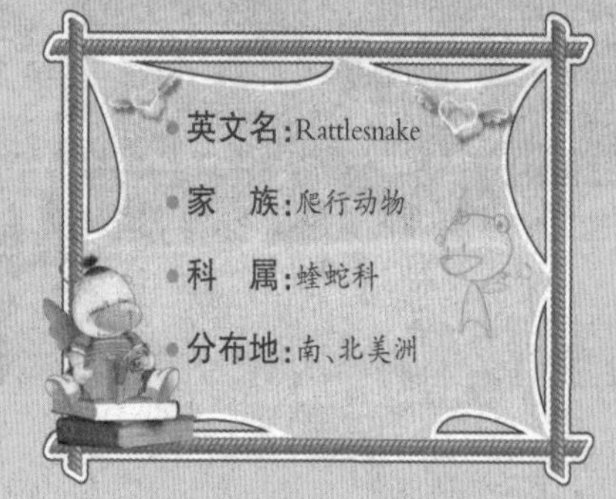

rén chù zài bèi xiǎng wěi shé yǎo shāng
人畜在被响尾蛇咬伤
de chū qī huì yǒu yán zhòng de cì tòng zhuó
的初期会有严重的刺痛灼
rè gǎn cóng hūn mí zhōng huī fù yì shí
热感，从昏迷中恢复意识
hòu huì gǎn jué shēn tǐ chén zhòng shāng kǒu
后会感觉身体沉重，伤口
zǐ hēi zhǒng zhàng tǐ wēn shēng gāo chū
紫黑肿胀，体温升高，出
xiàn huàn jué xiǎng wěi shé de dú yè bǐ jiào
现幻觉。响尾蛇的毒液比较
tè shū dú yè jìn rù rén tǐ hòu huì chǎn
特殊，毒液进入人体后会产
shēng yì zhǒng méi shǐ rén de jī ròu xùn
生一种酶，使人的肌肉迅
sù fǔ làn dāng jìn rù nǎo shén jīng hòu huì
速腐烂，当进入脑神经后会
zhì shǐ dà nǎo sǐ wáng jù měi guó kē xué
致使大脑死亡。据美国科学
jiā zhǐ chū xiǎng wěi shé zài sǐ hòu yì xiǎo
家指出，响尾蛇在死后一小
shí nèi réng kě yǐ tán qǐ shēn zi xí jī
时内，仍可以弹起身子袭击
fù jìn de shēng wù suǒ yǐ xiǎng wěi shé
附近的生物，所以响尾蛇
wú lùn shēng sǐ dōu shì yì zhǒng hěn wēi xiǎn
无论生死都是一种很危险
de dòng wù
的动物。

响尾蛇既不耐热也不耐寒。

响尾蛇靠横向伸缩身体前进。

响尾蛇奇毒无比，危害性大。

科莫多巨蜥

科莫多巨蜥濒临灭绝。

kē mò duō jù xī shì yì zhǒng gǔ lǎo de shēng wù shòu mìng hěn cháng
科莫多巨蜥是一种古老的生物，寿命很长，
dà gài néng huó yì bǎi nián tā men xìng qíng xiōng měng mù qián zhǐ yǒu xiōng
大概能活一百年。它们性情凶猛，目前只有凶
měng de xián shuǐ è yǒu bǔ shí guo tā men de jì lù tōng cháng zài yì qún
猛的咸水鳄有捕食过它们的记录。通常，在一群
kē mò duō jù xī zhōng nián zhǎng qiě tǐ xíng jiào dà de jù xī yǒu yōu xiān jìn
科莫多巨蜥中年长且体形较大的巨蜥有优先进
shí de tè quán jìn shí shí tā men huì yòng qiáng zhuàng de wěi ba jī dǎ
食的特权。进食时，它们会用强壮的尾巴击打
xiǎo jù xī shǐ zhī bù néng jiē jìn shí wù kē mò duō jù xī zhǔ yào yǐ
小巨蜥，使之不能接近食物。科莫多巨蜥主要以

dòng wù de fǔ shī wéi shí yǒu shí yě bǔ shí
动物的腐尸为食，有时也捕食
yě zhū lù hóu zi děng dòng wù ǒu ěr
野猪、鹿、猴子等动物，偶尔
yě huì gong jī rén lèi hé qí tā dòng wù
也会攻击人类和其他动物。

科莫多巨蜥有同类相食的现象。

kē mò duō jù xī de shé tou jìn jìn chū
科莫多巨蜥的舌头进进出
chū sōu xún zhe kōng qì zhōng de qì wèi fēn
出，搜寻着空气中的气味分
zǐ yīn cǐ zài kē mò duō jù xī xún zhǎo shí wù shí zǒng shì bù tíng de
子。因此，在科莫多巨蜥寻找食物时，总是不停地
yáo tóu huàng nǎo tǔ shé tou tā men kào zhe mǐn ruì de xiù jué qì guān
摇头晃脑、吐舌头。它们靠着敏锐的嗅觉器官，
néng wén dào qiān mǐ fàn wéi nèi de fǔ ròu
能闻到1千米范围内的腐肉
qì wèi
气味。

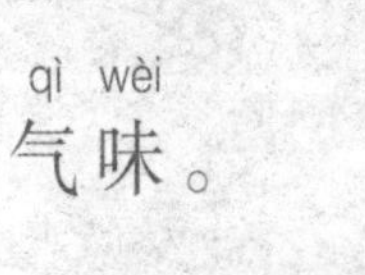

吉拉毒蜥

吉拉毒蜥擅长攀爬，能到树上捕幼鸟。

jí lā dú xī qī xī zài rén jì hǎn zhì
吉拉毒蜥栖息在人迹罕至

de dà shā mò guàn mù lín qū jí dà piàn xiān
的大沙漠、灌木林区及大片仙

rén zhǎng fù gài de dì fang tā men de shēn tǐ
人掌覆盖的地方，它们的身体

sè cǎi bān lán yǒu huáng sè fěn hóng sè
色彩斑斓，有黄色、粉红色、

qiǎn hóng huò hēi sè de bān wén jí
浅红或黑色的斑纹。吉

lā dú xī de shēn tǐ yōng zhǒng
拉毒蜥的身体臃肿，

xíng dòng huǎn màn ér wěi ba zé shì
行动缓慢，而尾巴则是

chǔ cún zhī fáng de dì fang
储存脂肪的地方。

jí lā dú xī shì měi guó tǐ
吉拉毒蜥是美国体

xíng zuì dà de yǒu dú xī yì qí
形最大的有毒蜥蜴，其

dú qì wèi yú xià hé tā men zài
毒器位于下颌，它们在

吉拉毒蜥看似笨拙，其实能灵活地掉头反咬。

bǔ liè shí jiāng dú yè zhù rù liè wù shēn tǐ děng dào
捕猎时将毒液注入猎物身体，等到
liè wù sǐ wáng hòu zài jiāng qí tūn xià jí lā dú xī
猎物死亡后再将其吞下。吉拉毒蜥
yì chū shēng biàn dài yǒu kě pà de dú yè shí fēn lì
一出生便带有可怕的毒液，十分厉
hai jí lā dú xī de dú yè yǔ xī bù líng bān xiǎng wěi shé de dú yè xiāng
害。吉拉毒蜥的毒液与西部菱斑响尾蛇的毒液相
sì shǔ yú shén jīng xìng dú yè rén chù bèi yǎo dào jiù huì chū xiàn sì zhī má
似，属于神经性毒液，人畜被咬到就会出现四肢麻
bì hūn shuì xiū kè hé ǒu tù děng zhèng zhuàng cǐ wài jí lā dú xī de
痹、昏睡、休克和呕吐等症状。此外，吉拉毒蜥的
yǎo hé lì hěn dà yǎo zhù de dōng xi jué bù zhǔ dòng sōng kǒu
咬合力很大，咬住的东西绝不主动松口。

- **英文名**：Gila Monster
- **家　族**：爬行动物
- **科　属**：毒蜥科
- **分布地**：美国西部和南部

吉拉毒蜥是长寿蜥蜴，可活30年以上。

蝎子

蝎子是可以冬眠的动物。

xiē zi shì yì zhǒng cháng jiàn de fēn bù hěn
蝎子是一种常见的、分布很

guǎng de jié zhī dòng wù tā men xǐ huan zài cháo shī de
广的节肢动物。它们喜欢在潮湿的

chǎng dì huó dòng yǐ huó dòng de xiǎo dòng wù wéi shí
场地活动，以活动的小动物为食。

suī rán xiē zi de tǐ xíng jiào xiǎo què shì yì zhǒng
虽然蝎子的体形较小，却是一种

fēi cháng wēi xiǎn de dòng wù yì bān qíng kuàng xià xiē
非常危险的动物。一般情况下，蝎

zi bú huì zhǔ dòng gōng jī dàn dāng
子不会主动攻击，但当

yǒu shēng wù kào jìn tā men shí tā
有生物靠近它们时，它

men huì jiāng dú cì shù qǐ chéng jìn gōng
们会将毒刺竖起呈进攻

蝎子对震动和声音很敏感。

当种群密度过大时，蝎子会自相残杀以达到平衡。

zhuàng tài dà bù fen bèi xiē zi cì dào de rén huò dà xíng shēng wù dōu shì yóu yú xiē zi de tǐ xíng jiào xiǎo méi yǒu fā xiàn tā men bù dé bù shuō xiē zi de wēi xiǎn xìng hěn dà yīn wèi rén men bù zhī dào tā men zài shén me dì fang cáng zhe yòu huì zài shén me qíng kuàng xià yù dào tā men

状态。大部分被蝎子刺到的人或大型生物都是由于蝎子的体形较小没有发现它们，不得不说蝎子的危险性很大。因为人们不知道它们在什么地方藏着，又会在什么情况下遇到它们。

zài wǒ guó gǔ dài rén men jiāng xiē zi zuò wéi yào cái rù yào xiàn zài rén men lì yòng kē xué jì shù jiāng xiē dú zhōng de yào yòng chéng fèn tí qǔ chū lái yìng yòng yú lín chuáng

在我国古代，人们将蝎子作为药材入药。现在，人们利用科学技术将蝎毒中的药用成分提取出来，应用于临床。

- 英文名：Scorpions
- 家　族：节肢动物
- 科　属：蝎科
- 分布地：世界性分布

箭毒蛙

▲最毒的箭毒蛙仅仅碰触就能中毒。

jiàn dú wā yòu bèi chēng wéi dú biāo qiāng wā huò dú
箭毒蛙又被称为毒标枪蛙或毒
jiàn wā dàn bìng fēi suǒ yǒu zhǒng lèi dōu yǒu dú jiàn dú wā
箭蛙，但并非所有种类都有毒。箭毒蛙
tǐ xíng hěn xiǎo shēn tǐ yán sè xiān yàn sì zhī bù mǎn lín
体形很小，身体颜色鲜艳，四肢布满鳞

wén ér níng méng huáng de jiàn dú wā zé shì zuì yào yǎn hé tū chū de yí lèi
纹，而柠檬黄的箭毒蛙则是最耀眼和突出的一类
wā tā men huó yuè zài yǔ lín zhōng fǎng fú shì zài xuàn yào zì jǐ de měi lì
蛙。它们活跃在雨林中，仿佛是在炫耀自己的美丽，
bìng jǐng gào lái fàn de dí rén kě yǐ shuō zài jiàn dú wā de yǎn zhōng rén lèi
并警告来犯的敌人。可以说，在箭毒蛙的眼中，人类

shì tā men wéi yī de wēi xié
是它们唯一的威胁。

jiàn dú wā shì lā dīng měi zhōu nǎi
箭毒蛙是拉丁美洲乃

zhì quán shì jiè zuì zhù míng de wā lèi zhī
至全世界最著名的蛙类之

yī yì fāng miàn shì yīn wèi tā men jī shēn yú shì jiè shang dú xìng zuì dà de
一。一方面是因为它们跻身于世界上毒性最大的

dòng wù zhī liè lìng yì fāng miàn shì yīn wèi tā men yōng yǒu fēi cháng xiān yàn de
动物之列；另一方面是因为它们拥有非常鲜艳的

jǐng jiè sè shì wā zhōng zuì piào liang de chéng yuán yǒu dú de jiàn dú wā bǐ cǐ
警戒色，是蛙中最漂亮的成员。有毒的箭毒蛙彼此

zhī jiān de dú xìng yě yǒu yí dìng de chā
之间的毒性也有一定的差

yì qí zhōng mǒu xiē zhǒng lèi de dú xìng
异。其中某些种类的毒性

hěn dà yì zhī jiàn dú wā suǒ hán de dú sù
很大，一只箭毒蛙所含的毒素

zú yǐ shā sǐ zhī lǎo shǔ
足以杀死20 000只老鼠。

美洲当地人将箭毒蛙的毒涂在矛和箭的尖端来捕猎。

英文名：Poison Arrow Frog
家　族：两栖类
科　属：箭毒蛙科
分布地：巴西、圭亚那、智利等热带雨林

黑寡妇蜘蛛

黑寡妇蜘蛛虽然毒性强，但注射剂量小。

hēi guǎ fu zhī zhū zài jiāo pèi hòu cí zhī zhū huì lì jí yǎo sǐ xióng xìng pèi ǒu yīn cǐ rén men jiāng qí chēng wéi hēi guǎ fu

黑寡妇蜘蛛在交配后，雌蜘蛛会立即咬死雄性配偶，因此人们将其称为“黑寡妇”。

hēi guǎ fu zhī zhū shì yì zhǒng guǎng fàn fēn bù de dà xíng zhī zhū tōng cháng shēng huó zài jū mín qū li jù yǒu qiáng liè de shén jīng dú sù tā men xìng qíng xiōng

黑寡妇蜘蛛是一种广泛分布的大型蜘蛛，通常生活在居民区里，具有强烈的神经毒素。它们性情凶

英文名：Black Widow Spider

家　族：节肢动物

科　属：姬蛛科

分布地：热带及温带地区

měng jù yǒu hěn qiáng de gōng jī xìng dú
猛，具有很强的攻击性，毒
xìng jí qiáng tā zài dīng yǎo rén shí bù
性极强。它在叮咬人时，不
róng yì bèi rén fā xiàn dàn zài shù xiǎo shí
容易被人发现，但在数小时
nèi rén jiù huì chū xiàn ě xin ǒu tù
内，人就会出现恶心、呕吐、
jù liè téng tòng hé shēn tǐ jiāng yìng děng
剧烈疼痛和身体僵硬等
zhèng zhuàng
症状。

黑寡妇蜘蛛雌性比雄性重100倍。

chéng nián cí xìng hēi guǎ fu zhī zhū fù bù chéng liàng hēi sè bàn yǒu yí
成年雌性黑寡妇蜘蛛腹部呈亮黑色，伴有一
gè hóng sè de shā lòu zhuàng bān jì yì bān qíng kuàng xià zhè ge bān jì shì
个红色的沙漏状斑记。一般情况下，这个斑记是
hóng sè de hái yǒu xiē kě néng jiè yú bái sè hé huáng sè zhī jiān huò shì hóng
红色的，还有些可能介于白色和黄色之间或是红
sè yǔ jú huáng sè zhī jiān de yán sè
色与橘黄色之间的颜色。

捕鸟蛛

zài zhī zhū de shì jiè zhōng bǔ niǎo zhū kě wèi shì zhī zhū jiè de jù
在蜘蛛的世界中，捕鸟蛛可谓是蜘蛛界的“巨
rén yóu yú bǔ niǎo zhū shí fēn xiōng hàn suǒ yǐ rén lèi duì tā men yě shì jìng
人”。由于捕鸟蛛十分凶悍，所以人类对它们也是敬
wèi yǒu jiā nián rén men zài mò xī gē céng fā
畏有加。1975年，人们在墨西哥曾发
xiàn yì kē dà shù de jǐ gēn shù zhī bèi yì zhāng jù dà
现一棵大树的几根树枝被一张巨大
ér duō céng de zhū wǎng suǒ zhē gài zhè zhāng wǎng jiù shì
而多层的蛛网所遮盖，这张网就是

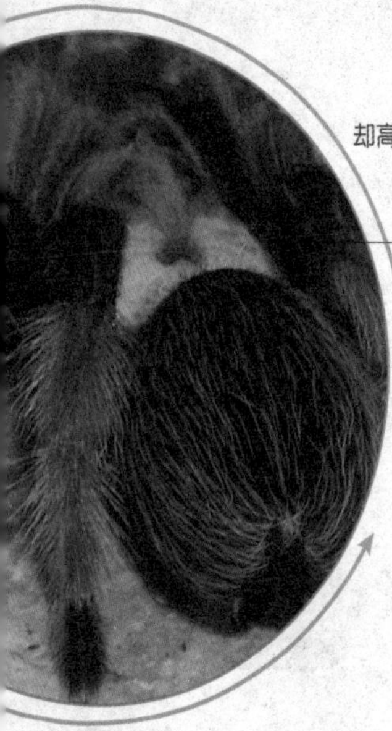

捕鸟蛛虽有8只眼，却高度“近视”。

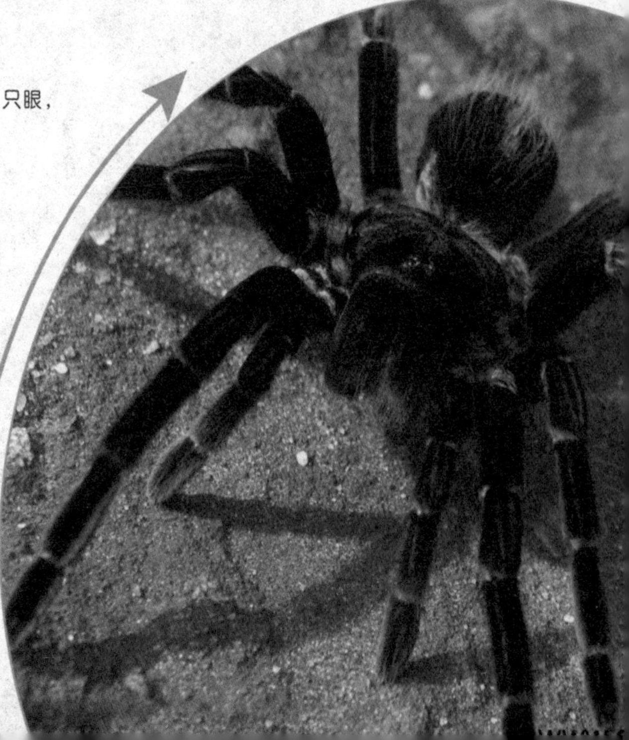

捕鸟蛛毒性较弱。

bǔ niǎo zhū zhī de
捕鸟蛛织的。

bǔ niǎo zhū shì zì rán jiè zhōng zuì qiǎo miào de liè shǒu zhī yī tā kě yǐ zài shù zhī jiān biān zhī jù yǒu qiáng liè nián xìng de wǎng yí dàn bǔ niǎo zhū xǐ shí de xiǎo niǎo qīng wā xī yì hé qí tā kūn chóng luò rù wǎng zhōng bì dìng chéng wéi bǔ niǎo zhū de měi wèi jiā yáo
捕鸟蛛是自然界中最巧妙的猎手之一。它可以在树枝间编织具有强烈黏性的网，一旦捕鸟蛛喜食的小鸟、青蛙、蜥蜴和其他昆虫落入网中，必定成为捕鸟蛛的美味佳肴。

▲ 捕鸟蛛耐饿，只要有水，可以100天不进食。

bǔ niǎo zhū běn shēn duì rén lèi de wēi xié bìng bú dà mù qián hěn shǎo yǒu yīn bǔ niǎo zhū yǎo rén ér zhì sǐ de bào dào
捕鸟蛛本身对人类的威胁并不大，目前很少有因捕鸟蛛咬人而致死的报道。

- 英文名：Birds Tarantula
- 家　族：节肢动物
- 科　属：狒蛛科
- 分布地：北回归线以南的热带、亚热带山区和半山区

螳螂

魔花螳螂以其奇异的外形而闻名。

táng láng de tóu chéng sān jiǎo xíng bìng qiě huó dòng zì rú qián zú tuǐ jié hé jìng jié yǒu lì cì jìng jié chéng lián dāo zhuàng cháng xiàng tuǐ jié zhé dié xíng chéng kě yǐ bǔ zhuō liè wù de qián zú

螳螂的头呈三角形，并且活动自如，前足腿节和胫节有利刺，胫节呈镰刀状，常向腿节折叠，形成可以捕捉猎物的前足。

táng láng cháng liè shí gè lèi kūn chóng hé xiǎo dòng wù zài tián jiān hé lín qū jiān xiāo miè bù shǎo hài chóng táng láng zài shí wù quē fá shí jīng cháng huì chū xiàn tóng lèi

螳螂常猎食各类昆虫和小动物，在田间和林区间消灭不少害虫。螳螂在食物缺乏时经常会出现同类

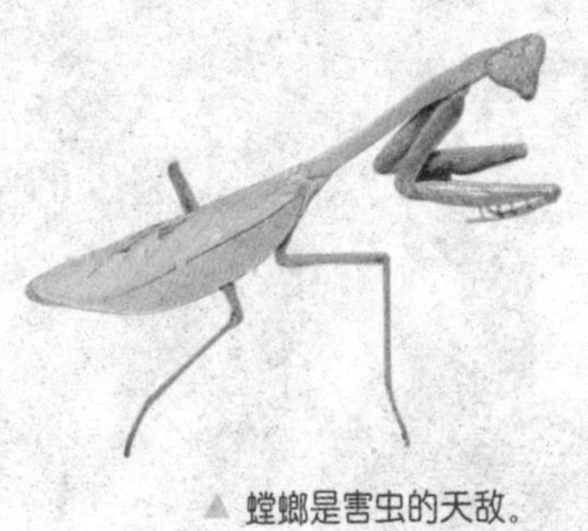

▲ 螳螂是害虫的天敌。

zhī jiān dà tūn xiǎo hé cí chī xióng de xiàn xiàng
之间大吞小和雌吃雄的现象。

táng láng shòu dào jīng xià shí huì zhèn chì shā shā
螳螂受到惊吓时，会振翅沙沙

zuò xiǎng tóng shí shēn tǐ hái huì xiǎn lù chū xiān
作响，同时身体还会显露出鲜

míng de jǐng jiè sè táng láng cháng jiàn yú zhí wù
明的警戒色。螳螂常见于植物

cóng zhōng yī kào nǐ tài bú dàn kě duǒ guò tiān dí zhuī bǔ ér qiě zài jiē jìn huò fú
丛中，依靠拟态不但可躲过天敌追捕，而且在接近或伏

jī liè wù shí bú yì bèi fā jué
击猎物时不易被发觉。

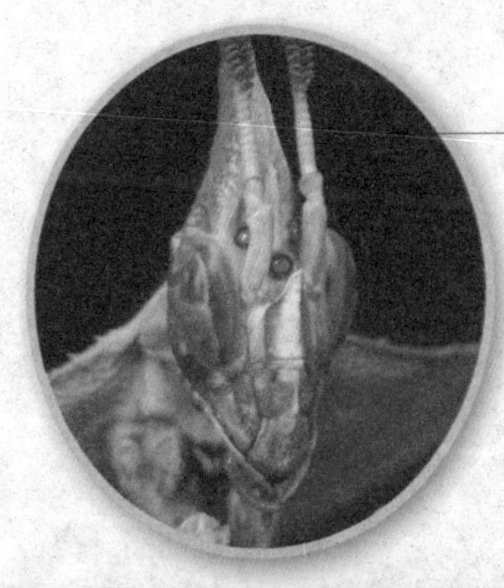

螳螂头上昂，前足上伸似在祈求，故引申出很多神话故事。

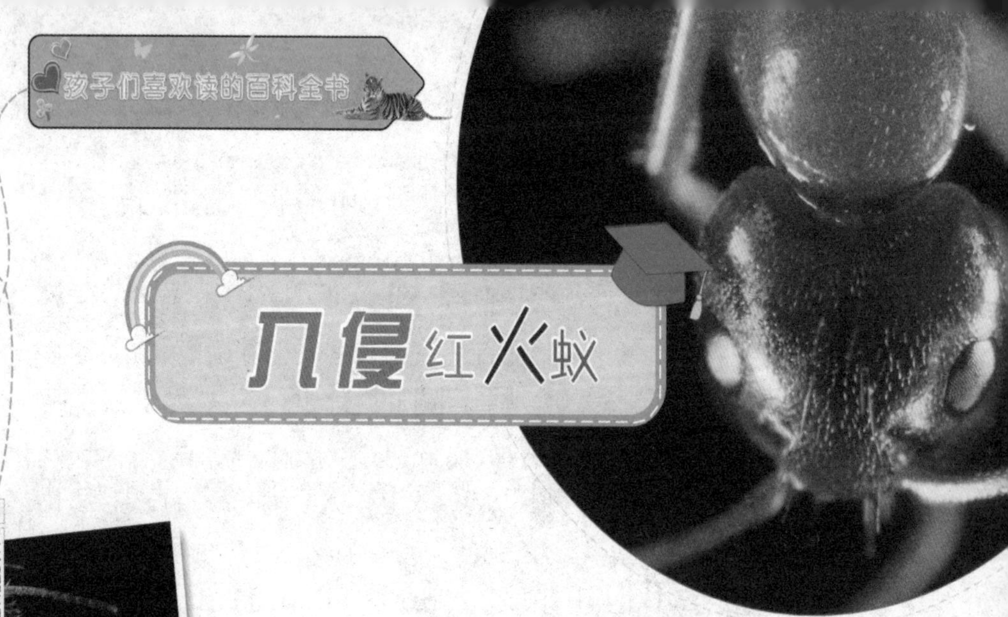

入侵红火蚁

▲ 入侵红火蚁的蚁丘可高达0.1米。

入侵红火蚁的成虫食性甚广，它可以捕杀昆虫、蚯蚓、青蛙、蜥蜴、鸟类以及小型哺乳动物，此外也采集植物种子作为食物。

当入侵红火蚁的蚁巢受到外力干扰时，入侵红火蚁会产生极大的攻击性，侵袭者往往会遭到大量的入侵红火蚁叮咬。被咬者的身体会立即产生破坏性的伤害，导致身体过敏，甚至休克，有死亡的危险。

- **英文名：**Red Fire Ants
- **家　族：**昆虫类
- **科　属：**蚁科
- **分布地：**世界性分布

空中魅影

KONGZHONG MEIYING

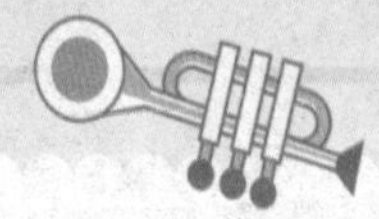

食火鸡

shí huǒ jī shì shì jiè shang dì sān dà de niǎo
食火鸡是世界上第三大的鸟

lèi jǐn cì yú tuó niǎo hé ér miáo qí shuāng yì yǐ
类，仅次于鸵鸟和鸸鹋，其双翼已

tuì huà dàn shì cháng zú shì yú bēn pǎo tā men de
退化，但是长足适于奔跑。它们的

shēn shang zhǎng yǒu hēi sè de cū zōng shì de yǔ máo
身上长有黑色的粗鬃似的羽毛，

tuì huà de chì bǎng shang jǐn mì de pái liè zhe tiě sī
退化的翅膀上紧密地排列着铁丝

shì de yìng líng chuán shuō shí huǒ jī néng gòu tūn shí huǒ
似的硬翎。传说食火鸡能够吞食火

tàn yīn cǐ dé míng shí huǒ jī
炭，因此得名“食火鸡”。

shí huǒ jī jù pà rì guāng suǒ yǐ cháng zài
食火鸡惧怕日光，所以常在

zǎo chen huò bàng wǎn wài chū mì shí tōng cháng yǐ guǒ
早晨或傍晚外出觅食，通常以果

shí shù yá wéi shí yǒu shí yě zhuó shí kūn chóng
实、树芽为食，有时也啄食昆虫。

shí huǒ jī xìng qíng xiōng měng rú guǒ yǒu rén huò dòng
食火鸡性情凶猛，如果有人或动

wù chù fàn le tā men biàn huì hěn hěn de
物触犯了它们，便会狠狠地

fǎn jī tā men de jiǎo lì shì yù dí jué
反击。它们的脚力是御敌绝

zhāo yí dàn pèng shàng dí hài shí huǒ
招。一旦碰上敌害，食火

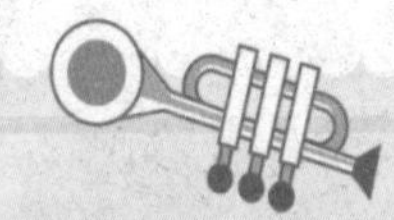

jī huì yí xià zi cuān dào kōng zhōng rán hòu duì
鸡会一下子蹿到空中，然后对
zhǔn mù biāo yòng shuāng tuǐ yì jī jiǎo zhǐ
准目标，用双腿一击，脚趾
shang de cháng zhǎo rú tóng bǐ shǒu yì bān cì rù
上的长爪如同匕首一般刺入
duì fāng shēn tǐ shǐ zhī shòu shāng huò sàng
对方身体，使之受伤或丧
mìng yīn cǐ rén men jiàn le tā men biàn huì
命。因此，人们见了它们便会
yuǎn yuǎn duǒ kāi
远远躲开。

▲ 2007年，食火鸡被吉尼斯世界纪录收进“世界上最危险的鸟类”。

食火鸡的利爪长0.12米，能将狗和马一击毙命。

- 英文名：Southern Cassowary
- 家　族：鸟类
- 科　属：鹤鸵科
- 分布地：新几内亚和澳大利亚北部的雨林中

◀ 食火鸡能奔跑，善跳跃。

伯劳

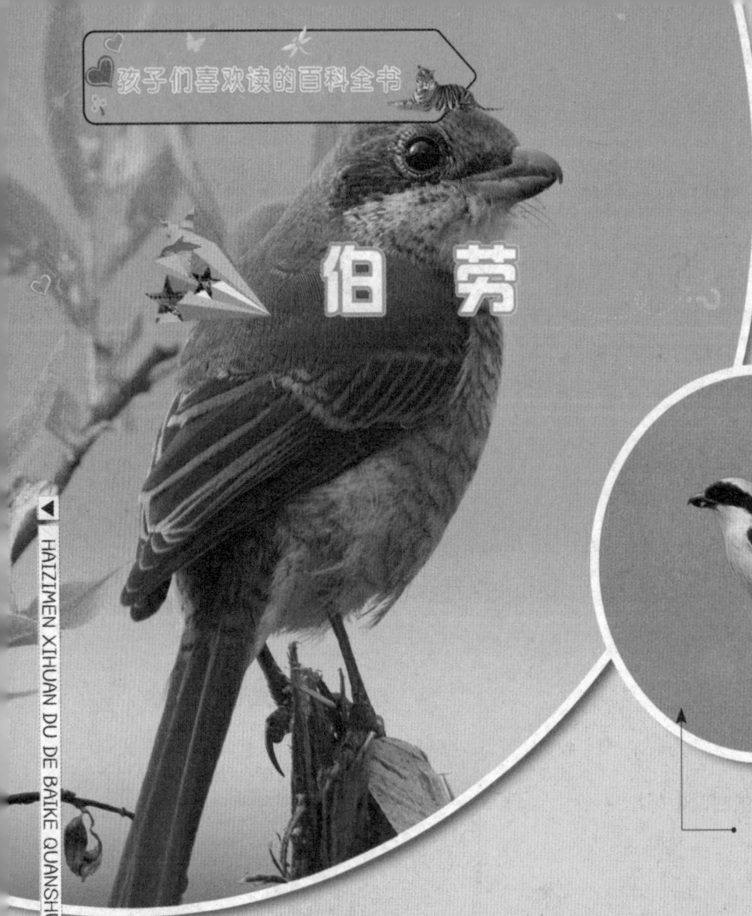

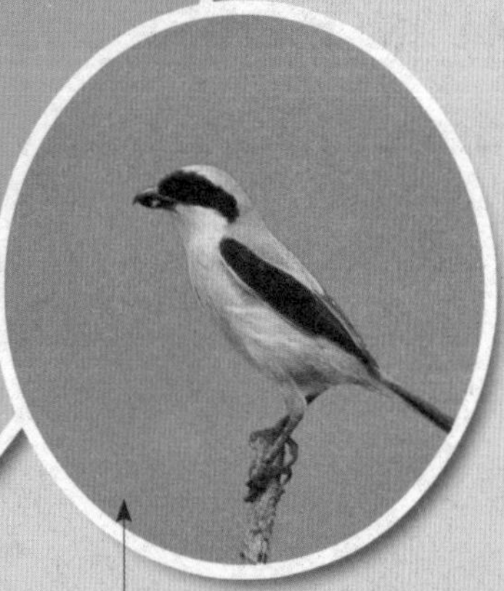

《左传》中，伯劳掌管夏至和冬至。

zì gǔ yǐ lái bó láo zài zhōng guó de diǎn jí zhōng zhàn yǒu zhòng yào de
自古以来，伯劳在中国的典籍中占有重要的
dì wèi chéng yǔ láo yàn fēn fēi zhōng de láo zhǐ de jiù shì bó láo
地位，成语“劳燕分飞”中的“劳”指的就是“伯劳”。

bó láo fēn bù fàn wéi bǐ jiào guǎng
伯劳分布范围比较广
fàn tā men tǐ xíng jiào xiǎo dàn xìng qíng
泛。它们体形较小，但性情
xiōng hěn yǒu niǎo zhōng měng qín de
凶狠，有“鸟中猛禽”的
chēng hào dà jiā zhè yàng píng jià tā
称号，大家这样评价它

- **英文名**：Shrike
- **家　族**：鸟类
- **科　属**：伯劳科
- **原产地**：非洲

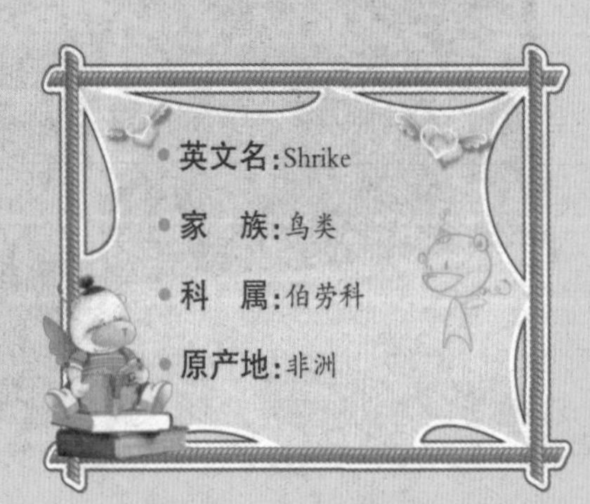

men xìng gé gāng liè wài guān yǒng
们：性格刚烈，外观勇
měng bó láo zhǔ yào yǐ xiǎo niǎo xiǎo xíng
猛。伯劳主要以小鸟、小型
bǔ rǔ dòng wù kūn chóng děng wéi shí
哺乳动物、昆虫等为食。
qí huì dài yǒu lì gōu kě yǐ hěn róng yì
其喙带有利钩，可以很容易
de jiāng liè wù sī suì bìng xí guàn bǎ
地将猎物撕碎，并习惯把
liè wù chuān zài jí cì shang rén chēng
猎物穿在棘刺上，人称
niǎo zhōng tú fū bó láo xǐ dú jū
“鸟中屠夫”。伯劳喜独居，
míng jiào shēng cì ěr shēn tǐ wéi huī sè
鸣叫声刺耳，身体为灰色
huò huī hè sè
或灰褐色。

jìn xiē nián lái wǒ guó de yì xiē
近些年来，我国的一些
yán jiū rén yuán duì bó láo jìn xíng le zǐ
研究人员对伯劳进行了仔
xì guān chá bìng qiě rén gōng sì yǎng
细观察，并且人工饲养
chéng gōng bó láo bǐ jiào róng yì sì
成功。伯劳比较容易饲
yǎng shēn shòu rén men de xǐ ài
养，深受人们的喜爱。

伯劳在中国诗歌中比喻夫妻、情侣离别。

伯劳将猎物挂在枝上只是一种习惯。

伯劳分布广泛，中国有9种。

埃及雁

埃及雁眼窝处有一对好像墨镜的红眼圈。

āi jí yàn de shì yìng néng lì jiào qiáng tā men dà duō zài lù dì shang huó
埃及雁的适应能力较强，它们大多在陆地上活
dòng yǒu shí yě qián shuǐ yóu yǒng āi jí yàn shì yì zhǒng xiōng hàn de shuǐ niǎo lǐng
动，有时也潜水游泳。埃及雁是一种凶悍的水鸟，领
dì xìng qiáng qīn rù qí lǐng yù de xiǎo xíng
地性强，侵入其领域的小型
yā lèi cháng zāo dào tā de xí jī
鸭类常遭到它的袭击。

āi jí yàn bái tiān huó yuè yú guǎng
埃及雁白天活跃于广
kuò de cǎo yuán shang guò zhe zǎo chū wǎn
阔的草原上，过着早出晚

guī de shēng huó qīng chén jí huáng hūn wéi mì shí shí jiān cháng chéng qún jí
归的生活。清晨及黄昏为觅食时间，常成群集
jié duì zài zhǎng mǎn zhí wù de hú pàn mì shí yè wǎn què zhǎn xiàn qí liàn jiā
结队在长满植物的湖畔觅食，夜晚却展现其恋家
de xí xìng huí dào tóng yī dì diǎn guò yè āi jí yàn yí dàn pèi duì
的习性——回到同一地点过夜。埃及雁一旦配对
chéng gōng biàn cí xióng xiāng suí zhōng shēng shēng huó zài yì qǐ fán zhí qī
成功便雌雄相随，终生生活在一起。繁殖期
de āi jí yàn cháng cháng jù jí chéng qún zài shù lín jiān qī sù
的埃及雁常常聚集成群，在树林间栖宿。

āi jí yàn zhǒng qún fēn bù fàn wéi guǎng shù liàng qū shì wěn dìng zhuān
埃及雁种群分布范围广，数量趋势稳定，专
jiā jiàn yì jiāng āi jí yàn de míng zi cóng bǎo hù míng lù zhōng qù diào
家建议将埃及雁的名字从保护名录中去掉。

雄性埃及雁要靠武力才能取得交配权。

贼鸥

▲ 贼鸥飞行能力强，据说生活在南极的贼鸥能飞到北极。

shēng huó zài nán jí de hè sè hǎi ōu jiào zuò zéi ōu zéi ōu shì diǎn xíng de hǎi yáng niǎo lèi tā men yǒu shí yě huì yuǎn lí hǎi yáng dàn shì dà bù fen shí jiān dōu shì zài kāi kuò de hǎi miàn shang dù guò de

生活在南极的褐色海鸥叫作贼鸥。贼鸥是典型的海洋鸟类，它们有时也会远离海洋，但是大部分时间都是在开阔的海面上度过的。

zéi ōu cóng lái bú zì jǐ lěi wō zhù cháo ér shì qiǎng zhàn qí tā niǎo de cháo xué gǎn zǒu niǎo cháo yuán lái de zhǔ rén shèn zhì qióng xiōng jí è de cóng qí tā niǎo shòu de kǒu zhōng qiǎng duó shí wù lǎn duò chéng xìng de zéi ōu duì shí wù de xuǎn zé

贼鸥从来不自己垒窝筑巢，而是抢占其他鸟的巢穴，赶走鸟巢原来的主人，甚至穷凶极恶地从其他鸟兽的口中抢夺食物。懒惰成性的贼鸥对食物的选择

bìng bù shí fēn yán gé bù guǎn hǎo huài zhǐ yào néng tián
并不十分严格，不管好坏，只要能填

bǎo dù zi jiù kě yǐ le yí dàn tián bǎo dù zi zéi ōu
饱肚子就可以了。一旦填饱肚子，贼鸥

jiù huì dūn fú bú dòng zéi ōu hái shi qǐ é de tiān
就会蹲伏不动。贼鸥还是企鹅的天

dí zài qǐ é de fán zhí jì jié zéi ōu jīng cháng diāo
敌，在企鹅的繁殖季节，贼鸥经常叼

shí qǐ é dàn hé xiǎo qǐ é wán quán dǎ luàn le qǐ é jiào wéi píng jìng de shēng huó
食企鹅蛋和小企鹅，完全打乱了企鹅较为平静的生活。

dà duō shù zéi ōu shēng huó zài kǎo chá zhàn fù jìn kào chī dì shang de lā jī guò huó
大多数贼鸥生活在考察站附近，靠吃地上的垃圾过活，

yīn cǐ rén men xì chēng tā men wéi yì wù qīng jié gōng
因此人们戏称它们为“义务清洁工”。

- **英文名**：Jaeger
- **家　族**：鸟类
- **科　属**：贼鸥科
- **分布地**：世界性分布

贼鸥是好吃懒做的典型动物。

▲ 贼鸥能合作偷企鹅蛋。

鲸头鹳能捕食甲鱼。

鲸头鹳

jīng tóu guàn hái yǒu yí gè qí guài de míng
鲸头鹳还有一个奇怪的名
zi xié zhī fù zhè shì yīn wèi tā de huì hěn
字——鞋之父。这是因为它的喙很
xiàng xié yóu qí xiàng hé lán rén de mù xié hái yǒu
像鞋，尤其像荷兰人的木鞋，还有
rén shuō tā de huì kàn qǐ lái jiù xiàng jīng yú de tóu
人说它的喙看起来就像鲸鱼的头
bù suǒ yǐ chēng qí wéi jīng tóu guàn kě qiān wàn bú
部，所以称其为鲸头鹳。可千万不
yào xiǎo qiáo jīng tóu guàn de huì tā de
要小瞧鲸头鹳的喙，它的
huì shàng xià yì jiā jiù kě jiā jǐn liè
喙上下一夹就可夹紧猎
wù jiù xiàng lǎo hǔ qián yí yàng lì
物，就像老虎钳一样厉
hai jīng tóu guàn kě yǐ chī diào shēn
害。鲸头鹳可以吃掉身

鲸头鹳的喙看似笨重，实则很轻。

shang yǒu hòu hòu bèi jiǎ de jiǎ yú bìng qiě néng jiāng
上有厚厚背甲的甲鱼，并且能将

guī ké yì qǐ tūn xià qù kě jiàn jīng tóu guàn de
龟壳一起吞下去，可见鲸头鹳的

xiāo huà néng lì yě shì fēi cháng jīng rén de
消化能力也是非常惊人的。

jīng tóu guàn tōng cháng dān dú huò chéng duì
鲸头鹳通常单独或成对

shēng huó tā men shì yè xíng xìng dòng wù bái tiān
生活，它们是夜行性动物，白天

yǐn cáng zài cǎo cóng huò wěi cóng zhōng huáng hūn shí
隐藏在草丛或苇丛中，黄昏时

cái chū lái mì shí suǒ yǐ hěn shǎo bèi rén men fā xiàn
才出来觅食，所以很少被人们发现。

鲸头鹳采用守株待兔的方式捕猎。

- **英文名：** Whale-headed Stork
- **家　族：** 鸟类
- **科　属：** 鹳科
- **分布地：** 非洲

鹭鸶

鹭鸶是厦门、济南市鸟。

lù sī yě jiào bái lù shì yì zhǒng hěn gǔ lǎo de niǎo lèi dà yuē zài wàn nián qián jiù yǐ jīng zài dì qiú shang shēng huó zài zhōng guó gǔ dài yě bèi

鹭鸶也叫白鹭，是一种很古老的鸟类，大约在5500万年前就已经在地球上生活，在中国古代也被

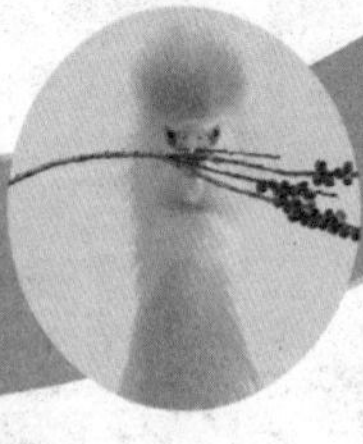

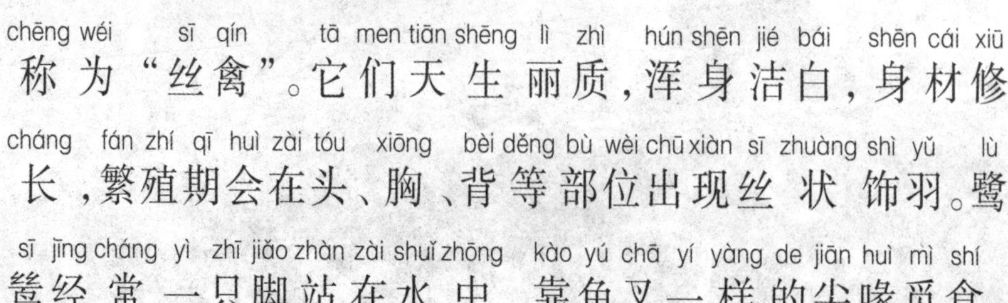

chēng wéi sī qín tā men tiān shēng lì zhì hún shēn jié bái shēn cái xiū cháng fán zhí qī huì zài tóu xiōng bèi děng bù wèi chū xiàn sī zhuàng shì yǔ lù sī jīng cháng yì zhī jiǎo zhàn zài shuǐ zhōng kào yú chā yí yàng de jiān huì mì shí

称为“丝禽”。它们天生丽质，浑身洁白，身材修长，繁殖期会在头、胸、背等部位出现丝状饰羽。鹭鸶经常一只脚站在水中，靠鱼叉一样的尖喙觅食。

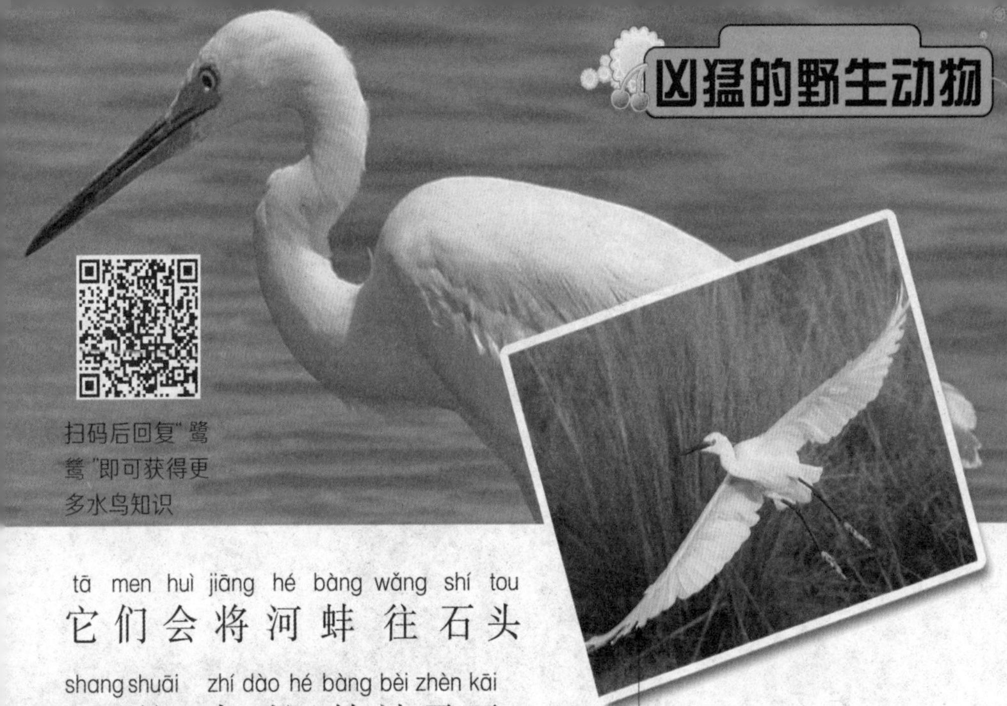

扫码后回复"鹭鸶"即可获得更多水鸟知识

鹭鸶体态轻盈，是高雅的象征。

tā men huì jiāng hé bàng wǎng shí tou
它们会将河蚌往石头

shang shuāi zhí dào hé bàng bèi zhèn kāi
上摔，直到河蚌被震开，

rán hòu zài màn màn xiǎng yòng měi wèi de bàng ròu
然后再慢慢享用美味的蚌肉。

yóu yú lù sī shén tài diǎn yǎ suǒ yǐ chéng wéi wǒ guó gǔ dài shī rén yín
由于鹭鸶神态典雅，所以成为我国古代诗人吟

yǒng de duì xiàng liǎng gè huáng lí míng cuì liǔ yì háng bái lù shàng qīng tiān
咏的对象。“两个黄鹂鸣翠柳，一行白鹭上青天”

shí yǒu shuāng lù sī fēi lái zuò jiā jǐng zhēng dù zhēng dù jīng qǐ yì tān
“时有双鹭鸶，飞来作佳景”“争渡、争渡、惊起一滩

ōu lù děng shì shī rén duì lù sī qiàn yǐng de xiě zhào jiāng xī lián shuǐ bái lù dǎo
鸥鹭”等是诗人对鹭鸶倩影的写照。江西涟水白鹭岛

shì lù sī de zuì jiā qī xī dì shēng huó zài
是鹭鸶的最佳栖息地，生活在

dǎo shang de rén men měi nián hái jǔ xíng bái
岛上的人们每年还举行“白

lù jié
鹭节”。

鸬鹚能将半斤重的鱼一口吞下。

lú cí de huì qiáng ér cháng qián duān chéng gōu zhuàng xià hóu yǒu xiǎo náng hóu bù yǒu dà bái diǎn quán shēn dài yǒu zǐ sè jīn shǔ guāng zé nǎo hòu yǒu bù míng xiǎn de yǔ guān lú cí fēi xíng lì hěn qiáng chú qiān xǐ shí qī wài yì bān bù lí kāi shuǐ yù tā men shàn yú qián shuǐ zhǔ yào yǐ yú lèi hé jiǎ qiào lèi dòng wù wéi shí zài néng jiàn dù dī de shuǐ

鸬鹚的喙强而长，前端呈钩状，下喉有小囊，喉部有大白点，全身带有紫色金属光泽，脑后有不明显的羽冠。鸬鹚飞行力很强，除迁徙时期外，一般不离开水域。它们善于潜水，主要以鱼类和甲壳类动物为食。在能见度低的水

li lú cí néng gòu tōu tōu kào jìn yú lèi
里，鸬鹚能够偷偷靠近鱼类，
yǒu shí hou lú cí hái huì hé zuò bǔ yú
有时候鸬鹚还会合作捕鱼。

zài wǒ guó hěn duō dì fang lú cí bèi
在我国很多地方，鸬鹚被
chēng wéi wū guǐ zài nán fāng shuǐ xiāng yú
称为乌鬼。在南方水乡，渔
mín men cháng cháng dài zhe xùn liàn hǎo de lú
民们常常带着训练好的鸬
cí bǔ yú dù fǔ jiù céng shuō guò jiā
鹚捕鱼，杜甫就曾说过："家
jiā yǎng wū guǐ dùn dùn shí huáng yú dàn xiàn zài zhè zhǒng chǎng jǐng yǐ jīng
家养乌鬼，顿顿食黄鱼。"但现在这种场景已经
nán yǐ zài xiàn lú cí bù jǐn shì bǔ yú de néng shǒu wǒ guó gǔ dài hái cháng
难以再现。鸬鹚不仅是捕鱼的能手，我国古代还常
cháng bǎ tā men zuò wéi měi mǎn hūn yīn de xiàng zhēng yīn wèi jié bàn de lú cí
常把它们作为美满婚姻的象征。因为结伴的鸬鹚
zì shǐ zhì zhōng hé mù xiāng chǔ xiāng hù tǐ tiē
自始至终和睦相处，相互体贴。

▲鸬鹚能凭借敏锐的听觉捕捉猎物。

扫码后回复"杜甫"即可获得更多文学知识

扫码后回复“鹗”即可获得更多水鸟知识

鹗

《山海经》中有神仙死后化作鹗的神话。

è yòu chēng yú yīng shì zhōng xíng měng qín tā
鹗又称鱼鹰，是中型猛禽。它
men yóu qí xǐ huan zài shān dì sēn lín zhōng de hé gǔ huò
们尤其喜欢在山地森林中的河谷或
yǒu shù mù de shuǐ yù dì dài yóu yì è de xiōng bù yǒu
有树木的水域地带游弋。鹗的胸部有
chì hè sè de bān wén fēi xiáng shí liǎng chì xiá cháng è
赤褐色的斑纹，飞翔时两翅狭长。鹗
de wài cè jiǎo zhǐ néng xiàng hòu fǎn zhuǎn jiā shàng jiǎo xià de cū cāo tū qǐ
的外侧脚趾能向后反转，加上脚下的粗糙突起，
néng láo láo de zhuā zhù nián huá de yú è mù guāng ruì lì fā xiàn liè wù shí
能牢牢地抓住黏滑的鱼。鹗目光锐利，发现猎物时

▲鹗吃完食物，会拖着脚在水面低飞，似在洗脚。

huì jí sù chōng rù shuǐ zhōng jiāng liè wù
会急速冲入水中将猎物

zhuā qǐ xiāo sǎ de yàng zi yóu rú mǎn
抓起，潇洒的样子犹如满

zài ér guī de yú fū yǒu shí yú fā
载而归的“渔夫”。有时鱼发

xiàn tiān kōng zhōng yǒu hēi yǐng luò xià shí
现天空中有黑影落下时，

huì běn néng de xiàng shēn shuǐ chù yóu
会本能地向深水处游

dòng è zé chōng rù shuǐ xià yì mǐ qù
动，鹗则冲入水下一米去

bǔ zhuō yú ér shuǐ miàn shang zé zhǐ shèng xià yí gè yì jiān er
捕捉鱼，而水面上则只剩下一个翼尖儿。

wǒ guó gǔ dài duì è zhè zhǒng yīng yǒng de niǎo lèi jí wéi tuī chóng
我国古代对鹗这种英勇的鸟类极为推崇，

jiāng huán mù sì gù xíng róng wéi è shì
将环目四顾形容为“鹗视”

huò zhě è gù bǎ tuī jiàn xián rén
或者“鹗顾”，把推荐贤人

chēng wéi è jiàn
称为“鹗荐”。

扫码后回复“鹗顾”即可获得更多文学知识

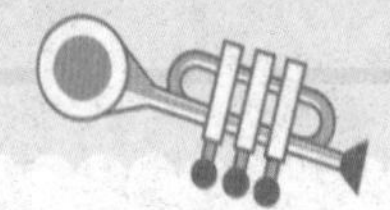

狐蝠

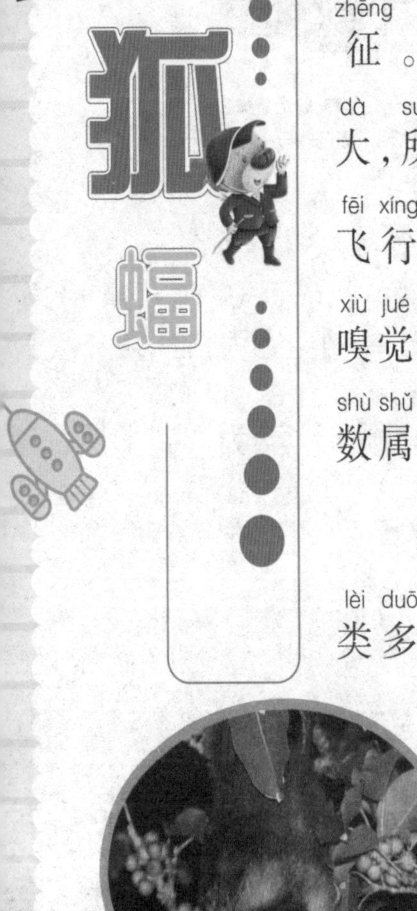

hú fú shì shì jiè shang zuì dà de biān fú zhǒng
狐蝠是世界上最大的蝙蝠种
lèi yóu yú tóu zhǎng de xiàng hú li gù chēng hú
类，由于头长得像狐狸，故称狐
fú dà yǎn jing duǎn wěi huò zhě méi yǒu wěi ba ěr duo
蝠。大眼睛、短尾或者没有尾巴、耳朵
xiǎo qiǎo kǒu bí bù jiào cháng shì hú fú de xiǎn zhù tè
小巧、口鼻部较长是狐蝠的显著特
zhēng hé qí tā biān fú bù tóng hú fú de yǎn jing hěn
征。和其他蝙蝠不同，狐蝠的眼睛很
dà suǒ yǐ shì jué liáng hǎo tā men xǐ huan yuǎn jù lí
大，所以视觉良好。它们喜欢远距离
fēi xíng mì shí yǒu shí kě dá qiān mǐ zhǔ yào kào
飞行觅食，有时可达15千米，主要靠
xiù jué fā xiàn shí wù qí zhōng jǐn zōng guǒ fú děng shǎo
嗅觉发现食物，其中仅棕果蝠等少
shù shǔ yǒu chāo shēng dìng wèi gōng néng
数属有超声定位功能。

hú fú zhǔ yào yǐ zhí wù wéi shí dà xíng de zhǒng
狐蝠主要以植物为食，大型的种
lèi duō yǐ guǒ shí wéi zhǔ xiǎo xíng de zhǒng lèi zhǔ yào
类多以果实为主，小型的种类主要
shí huā mì ruò shì hú fú shù liàng guò
食花蜜。若是狐蝠数量过
duō zé huì wēi hài nóng zuò wù hú fú
多，则会危害农作物。狐蝠
qī xī yú shù shang qīng chén jí huáng
栖息于树上，清晨及黄

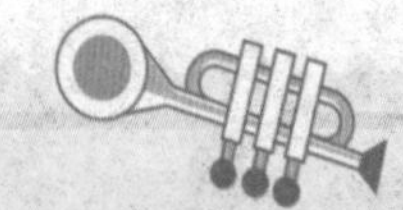

hūn wéi qí huó dòng gāo fēng shí jiān dà xíng hú
昏为其活动高峰时间。大型狐
fú duō jù jū xiǎo xíng hú fú duō dú qī
蝠多聚居，小型狐蝠多独栖。
xiàn zài yóu yú rén lèi de làn bǔ làn shā hú
现在，由于人类的滥捕滥杀，狐
fú de shù liàng ruì jiǎn kē xué jiā jǐng gào rén
蝠的数量锐减，科学家警告人
men ruò bù cǎi qǔ cuò shī hú fú jiāng huì
们，若不采取措施，狐蝠将会
zài jǐ nián nèi miè jué
在几年内灭绝。

▲ 狐蝠每年一胎，每胎1～2个幼崽。

狐蝠体形大小不一。

- 英文名：Fox Bat
- 家　族：哺乳类
- 科　属：狐蝠科
- 分布地：中国

◀ 狐蝠的舌头发达，可伸出口外很远。

王鹫

王鹫有明显的肉冠。

wáng jiù yòu míng guó wáng tū jiù shì qī
王鹫又名国王秃鹫，是栖
xī zài zhōng měi zhōu jí nán měi zhōu de dà xíng měi zhōu jiù kē niǎo lèi wáng
息在中美洲及南美洲的大型美洲鹫科鸟类。王
jiù tǐ xíng jiào dà tǐ sè zhǔ yào wéi bái sè shàng shēn yì jí wěi ba yǔ
鹫体形较大，体色主要为白色，上身、翼及尾巴羽
máo yǒu huī dài huò hēi dài wáng jiù shēng huó zài rè dài yǔ lín zhōng cháng
毛有灰带或黑带。王鹫生活在热带雨林中，常
dào rè dài cǎo yuán shang mì shí yì bān qíng
到热带草原上觅食。一般情
kuàng xià wáng jiù bù jí qún dàn yǒu shí
况下，王鹫不集群，但有时
huì jù jí zài tǐ xíng jiào dà de dòng wù fǔ
会聚集在体形较大的动物腐

英文名：Gyparchus Papa
家　族：鸟类
科　属：美洲鹫科
分布地：中美洲、南美洲

shī páng fēn shí wáng jiù zhǔ yào yǐ fǔ ròu
尸旁分食。王鹫主要以腐肉
wéi shí tā men jīng cháng shì dì yī gè
为食，它们经常是第一个
jiāng shī tǐ gē kāi de niǎo lèi ér qiě tā
将尸体割开的鸟类，而且它
men rú cuò bān de shé tou kě yǐ jiāng fǔ ròu
们如锉般的舌头可以将腐肉
cóng gǔ tou shang sī xià lái yǒu shí tā
从骨头上撕下来，有时它
men yě huì yán hé liú bǔ shí yú lèi
们也会沿河流捕食鱼类。

wáng jiù de wáng de chēng hào
王鹫的“王”的称号
yǒu liǎng gè jiě shì yī shì zhǐ wáng jiù zài
有两个解释：一是指王鹫在
jìn shí shí huì xiān qū gǎn qí tā tū yīng lí
进食时会先驱赶其他秃鹰离
kāi shī tǐ zì jǐ xiān chī bǎo lìng yí
开尸体，自己先吃饱；另一
gè shuō fǎ zhǐ tā de míng zi lái zì mǎ
个说法指它的名字来自玛
yǎ wén míng jí wáng jiù qí shí shì yí
雅文明，即王鹫其实是一
gè wáng shì rén lèi yǔ tiān shén zhī jiān de
个王，是人类与天神之间的
xìn chāi wáng jiù zài bì lǔ yì bèi chēng
信差。王鹫在秘鲁亦被称
wéi bái yā
为“白鸦”。

王鹫的翅膀厚而强壮，非常有力。

王鹫善于滑翔，这种飞行方式很省力。

王鹫视觉敏锐，但可依靠嗅觉寻找腐肉。

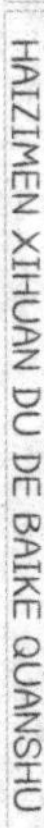

蛇鹫

在介绍非洲的纪录片中，蛇鹫经常出现。

shé jiù yòu jiào lù jiù mì shū niǎo yīn wèi
蛇鹫又叫鹭鹫、秘书鸟，因为
tā cháng cháng de yǔ guān shēn xiàng tóu hòu hěn xiàng
它长长的羽冠伸向头后，很像
bàn gōng shì zhōng zhí yuán men jiā zài ěr hòu de yǔ
办公室中职员们夹在耳后的羽
máo bǐ yīn cǐ dé míng mì shū niǎo
毛笔，因此得名秘书鸟。

shé jiù shēn cái gāo dà tuǐ hěn cháng
蛇鹫身材高大，腿很长，
yǒu de cháng dá yì mǐ duō tā zhǎng xiàng qí
有的长达一米多。它长相奇
tè huì chéng gōu zhuàng sì yīng cháng tuǐ
特，喙呈钩状，似鹰，长腿
sì hè tóu dǐng zhǎng yǒu yǔ guān píng shí yǔ
似鹤，头顶长有羽冠。平时羽

南非的国徽上就有蛇鹫的图案。

冠低垂，激动时羽冠就会高高竖起。蛇鹫上身羽毛为白色，尾部和翅膀后面则覆盖着黑色羽毛。

蛇鹫是非洲特有的鸟类，栖息地遍布整个非洲，其善于捕食蛇类。蛇鹫总是成对或者小群地在草原上游荡，并以地面上的小动物为食。它快速有力的啄击能使很多小动物当场丧命，因此人们又称蛇鹫为“长翅膀的沙漠王者”。

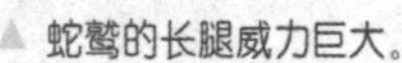

▲ 蛇鹫的长腿威力巨大。

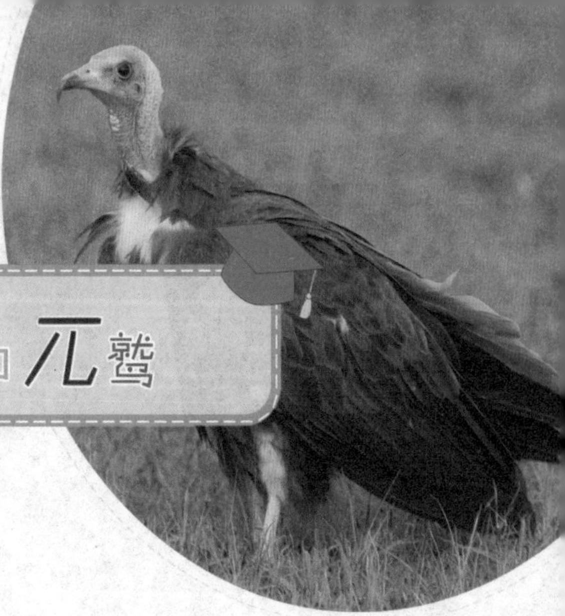

头巾兀鹫

▲ 头巾兀鹫依靠敏锐的视觉发现动物尸体。

头巾兀鹫比非洲其他大型兀鹫体形稍小，它们的头顶到脖子后面长着一层灰白色的绒毛，就好像披着一块头巾，所以得名头巾兀鹫，也被称为冠兀鹫。头巾兀鹫脖子上的白色绒毛像是围着白围脖，脸膛却是粉红色的。据说它们的脸平常是灰色的，只有兴奋时才会变成粉红色。其

▲ 正在分食腐肉的头巾兀鹫。

huì jiān dàn bú shì hěn yǒu lì suǒ yǐ wǎng wǎng yào
喙尖但不是很有力，所以往往要
děng nà xiē dà wù jiù xiān bǎ shī tǐ sī kāi hòu cái
等那些大兀鹫先把尸体撕开后才
còu guò lái jìn shí
凑过来进食。

tóu jīn wù jiù de wèi li yǒu yì zhǒng qiáng
头巾兀鹫的胃里有一种强
suān néng shā sǐ rèn hé zhì bìng de xì jūn yīn cǐ
酸能杀死任何致病的细菌，因此
fǔ bài de shī tǐ bìng bú huì shǐ tā men shēng bìng zài fēi zhōu dà cǎo yuán shang
腐败的尸体并不会使它们生病。在非洲大草原上，
rú guǒ méi yǒu tóu jīn wù jiù lái chǔ lǐ dòng wù fǔ shī nà me xì jūn jiù huì màn
如果没有头巾兀鹫来处理动物腐尸，那么细菌就会蔓
yán sǐ qù de dòng wù jiù huì gèng duō hái yǒu yì diǎn ràng rén xiǎng bu dào de
延，死去的动物就会更多。还有一点让人想不到的
shì zhè xiē kàn sì xiōng cán de dà niǎo duì ài
是，这些看似凶残的大鸟对爱
qíng fēi cháng zhōng chéng yì fū yì qī de
情非常忠诚，一夫一妻的
guān xì néng bǎo chí shù shí nián zhī jiǔ
关系能保持数十年之久。

头巾兀鹫能将腐肉吃得彻彻底底。

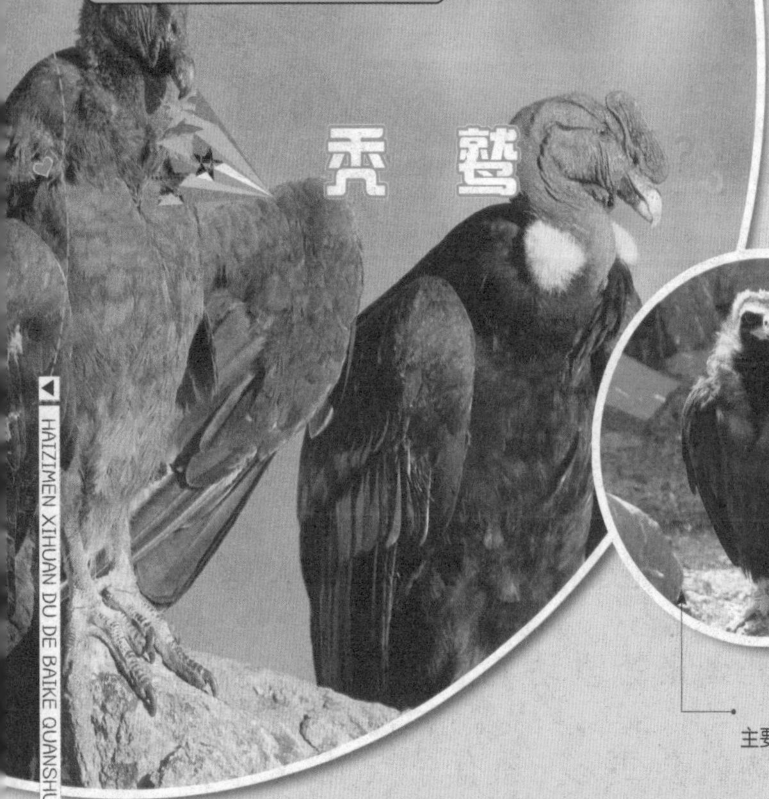

秃鹫

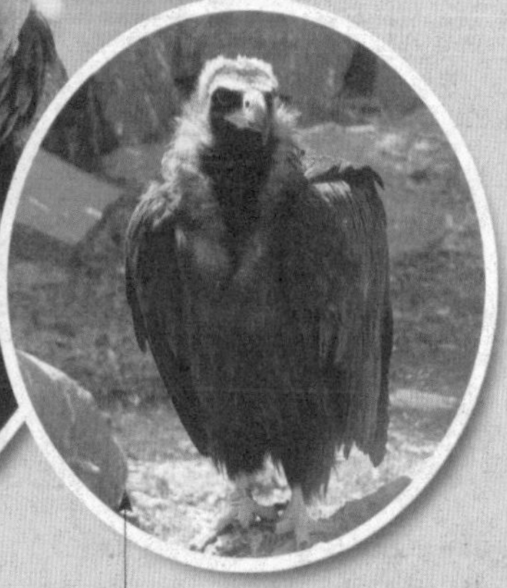

秃鹫的飞行能力较弱，主要靠滑翔。

tū jiù jí zuò shān diāo yě chēng gǒu tóu jiù shì shì jiè shang zuì dà
秃鹫即座山雕，也称狗头鹫，是世界上最大
de měng qín zhī yī tū jiù shēn xíng jù dà zhāng kāi chì bǎng hòu zhěng gè shēn
的猛禽之一。秃鹫身形巨大，张开翅膀后整个身
tǐ yǒu liǎng mǐ duō cháng quán shēn chéng àn hè sè jǐng bù chéng qiān lán
体有两米多长，全身呈暗褐色，颈部呈铅蓝
sè tū jiù yì bān dōu shēng huó zài
色。秃鹫一般都生活在2000~
mǐ de gāo shān dì qū dà duō shù xǐ
5000米的高山地区，大多数喜
huan dān dú xíng dòng tā men de shí wù zhǔ
欢单独行动。它们的食物主

- 英文名：Vultures
- 家 族：鸟类
- 科 属：鹰科
- 分布地：非洲西北部、欧洲南部、亚洲中部、南部和东部

yào shì dòng wù de shī tǐ tū jiù nà dài
要是动物的尸体，秃鹫那带

gōu de huì jì néng qīng yì de sī kāi dòng
钩的喙既能轻易地撕开动

wù de máo pí hái néng gou chū dòng wù de
物的毛皮，还能钩出动物的

nèi zàng guāng tū tū de nǎo dai néng fāng
内脏；光秃秃的脑袋能方

biàn de jìn chū dòng wù de fù qiāng bó
便地进出动物的腹腔；脖

zi shang zhǎng zhe de nà quān yǔ máo zé
子上长着的那圈羽毛，则

shì xiàng cān jīn yí yàng fáng zhǐ chī fàn de
是像餐巾一样防止吃饭的

shí hou nòng zāng zì jǐ zài zhēng duó shí
时候弄脏自己。在争夺食

wù shí tū jiù de shēn tǐ yán sè hái huì
物时，秃鹫的身体颜色还会

fā shēng biàn huà
发生变化。

秃鹫不会将食物残渣和自己的排泄物留在地面上。

秃鹫不仅吃动物内脏，还能将骨头嚼碎咽下。

秃鹫可长时间地窥视尸体达两天之久，直到确认对方死亡。

白头海雕

白头海雕的视觉比人类清晰三倍。

bái tóu hǎi diāo shì yì zhǒng dà xíng měng qín shì shì jiè shang wéi yī
白头海雕是一种大型猛禽，是世界上唯一
yì zhǒng yuán chǎn yú běi měi zhōu de diāo gù yòu chēng měi zhōu diāo bái tóu
一种原产于北美洲的雕，故又称美洲雕。白头
hǎi diāo de yǎn huì jiǎo shì dàn huáng sè de tóu jǐng wěi de yǔ máo wéi
海雕的眼、喙、脚是淡黄色的，头、颈、尾的羽毛为
bái sè yóu qí shì tóu bù bái sè de yǔ máo shǎn shǎn fā guāng bái tóu hǎi
白色，尤其是头部白色的羽毛闪闪发光。白头海
diāo yǒu zhe qiáng zhuàng de chì bǎng mǐn ruì de yǎn jing hé ruì lì de zhuǎ zi
雕有着强壮的翅膀、敏锐的眼睛和锐利的爪子，

xìng qíng shí fēn xiōng měng qīn lüè xìng jiào qiáng
性情十分凶猛，侵略性较强，
jīng cháng lüè duó qí tā niǎo lèi de shí wù zhè
经常掠夺其他鸟类的食物，这
zhǒng bà dào de xíng wéi yě shǐ tā dé dào le
种霸道的行为也使它得到了
qiáng dào niǎo de chēng hào
“强盗鸟”的称号。

▲白头海雕的头部能旋转270°。

zài měi zhōu bái tóu hǎi diāo shì shén niǎo
在美洲，白头海雕是神鸟，
tā de yǔ máo shì bù néng suí biàn pèi dài de zhǐ yǒu jīng guò fǎ lǜ xǔ kě cái
它的羽毛是不能随便佩戴的，只有经过法律许可才
kě bìng jǐn yòng yú zōng jiào yí shì shang bái tóu hǎi diāo zài nián bèi què
可并仅用于宗教仪式上。白头海雕在1782年被确
dìng wéi měi guó de guó niǎo huī zhāng hé
定为美国的国鸟，徽章和
yìng bì shang dōu yǒu tā de shēn yǐng
硬币上都有它的身影。

◀白头海雕没有牙齿，只能将食物全部吞下。

图书在版编目（CIP）数据

凶猛的野生动物 / 雨田主编. -- 沈阳：辽宁少年儿童出版社，2019.1

（孩子们喜欢读的百科全书）

ISBN 978-7-5315-7803-1

Ⅰ. ①凶… Ⅱ. ①雨… Ⅲ. ①野生动物－少儿读物 Ⅳ. ① Q95-49

中国版本图书馆 CIP 数据核字 (2018) 第 292320 号

出版发行：北方联合出版传媒（集团）股份有限公司
辽宁少年儿童出版社
出 版 人：张国际
地　　址：沈阳市和平区十一纬路 25 号
邮　　编：110003
发行部电话：024-23284265　23284261
总编室电话：024-23284269
E-mail：lnsecbs@163.com
http：//www.lnse.com
承 印 厂：北京一鑫印务有限责任公司

责任编辑：纪兵兵
助理编辑：石　旭
责任校对：段胜雪
封面设计：新华智品
责任印制：吕国刚

幅面尺寸：155mm × 225mm
印　　张：8　　　字数：123 千字
出版时间：2019 年 1 月第 1 版
印刷时间：2019 年 1 月第 1 次印刷
标准书号：ISBN 978-7-5315-7803-1
定　　价：29.80 元